ARTIFICIAL
INTELLIGENCE

U0331739

ARTIFICIAL INTELLIGENCE

人工智能超入门丛书

INTRODUCTION TO
SENTIMENT
ANALYSIS

# 情感分析
## 人工智能如何洞察心理

龚超　张鹏宇　喻涛　著

化学工业出版社

·北京·

## 内容简介

  "人工智能超入门丛书"致力于面向人工智能各技术方向零基础的读者，内容涉及数据思维、机器学习、视觉感知、情感分析、搜索算法、强化学习、知识图谱、专家系统等方向，体系完整、内容简洁、文字通俗，综合介绍人工智能相关知识，并辅以程序代码解决问题，使得零基础的读者快速入门。

  《情感分析：人工智能如何洞察心理》是"人工智能超入门丛书"中的分册，本分册以通俗易懂的文字风格，介绍了不同的人工智能技术解决情感分析问题的方法，如情感词典、机器学习、深度学习等。内容丰富而简明，包括分词、网络爬虫、词袋模型、朴素贝叶斯、逻辑回归、NPLM模型、Word2Vec模型、LSTM模型等。同时，本书配有关键代码，并在附录中给出了PyTorch的入门介绍以及概率基础知识回顾，让读者在学习过程中打好基础，快速上手，提升解决问题的能力。

  本书可以作为大学生以及想要走向自然语言处理（NLP）领域相关工作岗位的技术人员的入门读物，同时，对人工智能感兴趣的人群也可以阅读。

## 图书在版编目（CIP）数据

情感分析：人工智能如何洞察心理 / 龚超，张鹏宇，喻涛著. —北京：化学工业出版社，2022.12（2023.5重印）

（人工智能超入门丛书）

ISBN 978-7-122-42309-2

Ⅰ.①情… Ⅱ.①龚… ②张… ③喻… Ⅲ.①人工智能 - 应用 - 心理学 - 青少年读物 Ⅳ.① B84-39

中国版本图书馆 CIP 数据核字（2022）第 183083 号

---

责任编辑：雷桐辉 周 红 曾 越     装帧设计：王晓宇
责任校对：田睿涵

---

出版发行：化学工业出版社（北京市东城区青年湖南街13号 邮政编码100011）
印　　装：河北鑫兆源印刷有限公司
880mm×1230mm　1/32　印张6¼　字数143千字
2023年5月北京第1版第2次印刷

---

购书咨询：010-64518888     售后服务：010-64518899
网　　址：http://www.cip.com.cn
凡购买本书，如有缺损质量问题，本社销售中心负责调换。

---

定　价：69.80元         版权所有　违者必究

新一代人工智能的崛起深刻影响着国际竞争格局，人工智能已经成为推动国家与人类社会发展的重大引擎。2017年，国务院发布《新一代人工智能发展规划》，其中明确指出：支持开展形式多样的人工智能科普活动，鼓励广大科技工作者投身人工智能知识的普及与推广，全面提高全社会对人工智能的整体认知和应用水平。实施全民智能教育项目，在中小学阶段设置人工智能相关课程，逐步推广编程教育，鼓励社会力量参与寓教于乐的编程教学软件、游戏的开发和推广。

为了贯彻落实《新一代人工智能发展规划》，国家有关部委相继颁布出台了一系列政策。截至2022年2月，全国共有440所高校设置了人工智能本科专业，387所普通高等学校高等职业教育（专科）设置了人工智能技术服务专业，一些高校甚至已经在积极探索人工智能跨学科的建设。在高中阶段，"人工智能初步"已经成为信息技术课程的选择性必修内容之一。在2022年实现"从0到1"突破的义务教育阶段信息科技课程标准中，明确要求在7～9年级需要学习"人工智能与智慧社会"相关内容，实际上，1～6年级阶段的不少内容也与人工智能关系密切，是学习人工智能的基础。

人工智能是一门具有高度交叉属性的学科，笔者认为其交叉性至少体现在三个方面：行业交叉、学科交叉、学派交叉。在大数据、算法、算力三驾马车的推动下，新一代人工智能已经逐步开始赋能各个行业，现在几乎没有哪一个行业不涉及人工智能有关元素。人工智能也在助力各学科的研究，近几年，《自然》等顶级刊物不断刊发人工智能赋能学科的文章，如人工智能推动数学、化学、生物、考古、设计、音乐以及美术等。人工智能内部的学派也在不断交叉融合,像知名的 AlphaGo,就是集三大主流学派优势制作,并且现在这种不同学派间取长补短的研究开展得如火如荼。总之,未来的学习、工作与生活中,人工智能赋能的身影将无处不在,因此掌握一定的人工智能知识与技能将大有裨益。

根据笔者长期从事人工智能教学、研究经验来看,一些人对人工智能还存在一定的误区。比如将编程与人工智能直接画上了等号,又或是认为人工智能就只有深度学习等。实际上,人工智能的知识体系十分庞大,内容涵盖相当广泛,不但有逻辑推理、知识工程、搜索算法等相关内容,还涉及机器学习、深度学习以及强化学习等算法模型。当然,了解人工智能的起源与发展、人工智能的道德伦理对正确认识人工智能和树立正确的价值观也是十分必要的。

通过对人工智能及其相关知识的系统学习,可以锻造数学思维（Mathematical Thinking）、逻辑思维（Reasoning Thinking）、计算思维（Computational Thinking）、艺术思维（Artistic Thinking）、创新思维（Innovative Thinking）与数据思维（Data Thinking）,即 MRCAID。然而遗憾的是,目前市场上既能较综合介绍人工智能相关知识,又能辅以程序代码解决问题,同时还能迅速入门的图书并不多见。因此笔者策划了本系列图书以期实现体系内容较全、配合程序操练及上手简单方便等特点。

本书聚焦情感分析的场景,它是利用人工智能技术挖掘评论人在某些话题中的观点所持态度的一种技术。本书的一大特点是介绍了不同的人工智能技术手段解决情感分析问题，如情感词典、机器学习、深度学习等。第 1 章介绍什么是情感分析以及情感分析的主要应用场景；第 2 章介绍分词、建立情感词典以及如何解决情感分析问题；第 3 章聚焦在文本大数据的收集、整理以及分析，如网络爬虫、文本数据清洗、词频、词云、词袋模型等相关知识；第 4 章介绍利用朴素贝叶斯、逻辑回归等两种机器学习的算法解决情感分析问题；第 5 章介绍神经网络在情感分析中的应用；第 6 章介绍语料库、NPLM 模型、Word2Vec 模型等相关知识；第 7 章介绍循环神经网络的工作原理和 LSTM 模型。同时，在本书的附录部分给出了 PyTorch 的入门介绍以及概率基础知识回顾。

本书的出版要感谢曾提供热情指导与帮助的院士、教授、中小学教师等专家学者，也要感谢与笔者一起并肩参与写作的其他作者，同时还要感谢化学工业出版社编辑老师们的热情支持与一丝不苟的工作态度。

本书的出版，得到了未来基因（北京）人工智能研究院、腾讯教育、阿里云、科大讯飞等机构给予的大力支持，在此一并表示感谢。

由于笔者水平有限，书中内容不可避免会存在疏漏，欢迎广大读者批评指正并提出宝贵的意见。

龚超

2022年9月于清华大学

扫码获取本书内容中
相关链接

# 目录

**第 1 章　语挚情长路漫漫**　001

1.1　文中自有真情在　002
　1.1.1　问世间情为何物　002
　1.1.2　触景文下留真情　004

1.2　NLP 来相助　008
　1.2.1　什么是 NLP　008
　1.2.2　NLP 主要应用领域　012

1.3　情感即分类　015
　1.3.1　情感分析的对象与方法　015
　1.3.2　情感分析的主要应用　017

**第 2 章　情感词典查情断意**　019

2.1　分词与词典　020
　2.1.1　分词，情感分析第一步　020
　2.1.2　词典，让 AI 长知识　026

2.2　只有"情感"行不行　028
　2.2.1　情感词典的建立　028
　2.2.2　词典的扩充　031

2.3　基于情感词典的案例　034

# 第 **3** 章  玩转文本大数据 039

## 3.1 数据的获取 040
### 3.1.1 网络爬虫 040
### 3.1.2 简单爬虫案例 040

## 3.2 数据的清洗与整理 045
### 3.2.1 去除停用词 046
### 3.2.2 词性标注 054

## 3.3 词频与词云 055
### 3.3.1 词频统计 055
### 3.3.2 关键词统计 057
### 3.3.3 词云 059

## 3.4 词袋模型 063
### 3.4.1 词袋模型概念 063
### 3.4.2 简单词袋模型案例 065
### 3.4.3 改进词汇表 067
### 3.4.4 词袋模型显示频率 071
### 3.4.5 词袋模型的局限性 072


# 第 **4** 章  机器学习洞察句情 073

## 4.1 机器学习概述 074
### 4.1.1 什么是机器学习 074
### 4.1.2 机器学习与情感分析 077
### 4.1.3 词袋模型数据生成 081

## 4.2 朴素贝叶斯与情感分析 086
### 4.2.1 贝叶斯 vs 频率 086

4.2.2　朴素贝叶斯原理实践　　087

4.3　二项逻辑回归与情感分析　　097
　　4.3.1　逻辑回归原理　　097
　　4.3.2　逻辑回归算法　　100

第 **5** 章　**神经网络触景悉情**　　102

5.1　神经网络工作原理　　103
　　5.1.1　神经网络概述　　103
　　5.1.2　前向与反向传播　　104
　　5.1.3　其他参数　　107

5.2　激活函数与损失函数　　109
　　5.2.1　非线性的激活函数　　109
　　5.2.2　衡量优劣的损失函数　　115

5.3　神经网络的分类与情感分析　　117

第 **6** 章　**向量构筑语义空间**　　121

6.1　另辟蹊径分布表示　　122
　　6.1.1　语料库　　122
　　6.1.2　分布式假说　　123

6.2　从 NPLM 到 Word2Vec　　126
　　6.2.1　NPLM 模型　　126
　　6.2.2　Word2Vec　　128

6.3　Word2Vec 实践　　134
　　6.3.1　"女人－男人＝王后－国王"的三国解读　　134
　　6.3.2　词汇的星空　　140

# 第 **7** 章　深情厚意咬文嚼字      145

## 7.1　循环神经网络      146
### 7.1.1　循环神经网络原理      146
### 7.1.2　循环神经网络实践      148

## 7.2　LSTM      151
### 7.2.1　LSTM 基本原理      151
### 7.2.2　非礼勿记、非礼勿听、非礼勿言      153

## 7.3　循环神经网络与情感分析      157

# 附录      160

附录一　PyTorch 入门      161

附录二　概率基础      168

附录三　腾讯扣叮 Python 实验室：
Jupyter Lab 使用说明      181

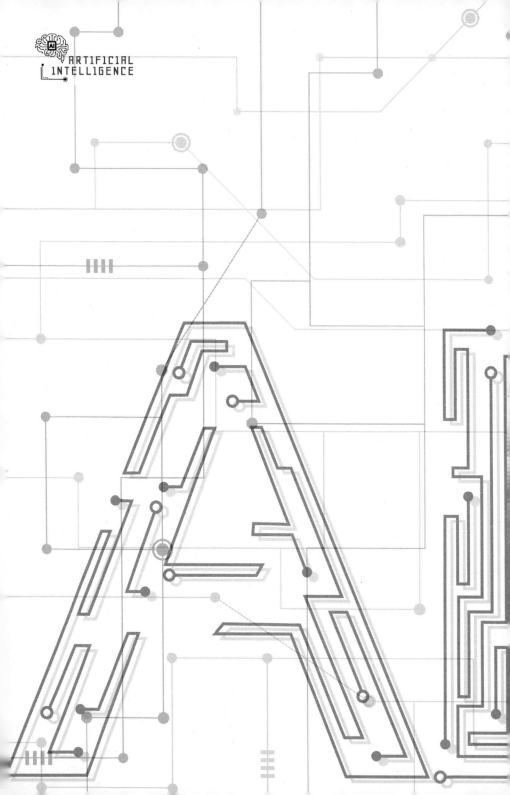

第 **1** 章

# 语挚情长路漫漫

1.1 文中自有真情在

1.2 NLP 来相助

1.3 情感即分类

# 1.1 文中自有真情在

## 1.1.1 问世间情为何物

"情感"（emotion）一词的历史可以追溯到 1579 年，来源于法语单词 émouvoir，意思是"煽动"。情感（emotion）一词被引入学术讨论中作为各种情感的总称（如 passion，sentiment，affection），它由托马斯·布朗（Thomas Brown）在 1800 年代初创造。大约在 1830 年代，现代情感概念首次出现在英语中，由于很多英语单词都能表示情感，为了辨析它们，有学者甚至对它们之间的细微之别进行了研究。

情感是与神经系统相关的生物学状态，神经生理变化是由与思想、感觉、行为反应以及某种程度的愉悦或不高兴相关的神经生理变化引起的。人们的情感也容易受到很多事物的影响，比如其他人的观点会影响到一个人的情感，如羊群效应等；还有如当一个人拥有某项事物后情感也会发生改变，如禀赋效应等。这些效应与人们的心理息息相关。❶

关于情感的定义，目前学界还未达成一个共识。通常认为，情感往往与心情（moods）、性情（temperament）、个性（personality）、性格（disposition）、创造力（creativity）和动机（motivation）交织在一起。

人工智能如何对情感进行辨识，首要的任务就是需要对其进行分类，每一类均被假设具有一些可以量化的特征，因此，这就涉及情感分类（emotion classification）问题。遗憾的是，情感分类

---

❶ 关于这些效应的分析，可以参考笔者所著《前景理论与决策那些事儿——一本正经的非理性》。

和情感一样，也是在学界备受争议的问题，涉及人们如何区分和对比一种情感和另一种情感。目前通常从离散情感和维度情感上对情感进行描述。

之所以被称为情感，是因为假设情绪可以通过人的面部表情和生物过程来区分。保罗·埃克曼（Paul Ekman）等学者提出了六种基本情绪：生气、厌恶、恐惧、高兴、悲伤和惊讶，这六种基本情绪在情感研究领域使用较为广泛。

1980年，罗伯特·普拉奇克（Robert Plutchik）创建了著名的普拉奇克情感之轮（Plutchik's wheel），为理解情绪和其背后的目的提供了一个框架。普拉奇克的情感之轮是一个由八种情绪，即喜悦、信任、恐惧、惊讶、悲伤、厌恶、愤怒和期待构成并可延展至几十种情绪解释的模型，如图1-1所示。

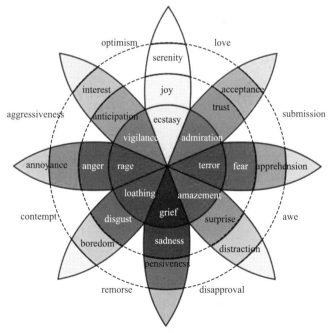

图1-1　普拉奇克的情感之轮（图片来源见前言二维码中网址1）

## 1.1.2　触景文下留真情

本书中所涉及的情感分析（sentiment analysis），又称观点挖掘，是指利用自然语言处理、文本分析、计算语言学和生物计量学系统地识别、提取、量化和研究情感状态和主观信息。因此，本书中所提及的文本情感分析无法做到"察言观情"，无法理解声情并茂，只能通过人们的"文下留情"进行分析。

笔者在这里做一个事先声明，以下"情感分析"如果没有特别提及，均指利用文本进行情感分析，这是因为在人工智能其他领域，如利用视觉、语音等，也可进行情感分析。

与客观描述类的信息不同，情感是一个人主观的表达，比如情感分析中，如果没有主观的观点，仅仅只是一个客观的描述，很难利用这样的信息去进行分析。之所以能够进行情感分析，是因为文本中体现了人之常"情"。

自从 2000 年以来，情感分析已经成为自然语言处理领域中一个十分重要的研究方向。尽管之前也有一些学者进行了大量的观点挖掘、情感词抽取、倾向分析以及主观性分析等工作，然而"情感分析"一词最早由 Nasukawa 和 Yi 在 2003 年提出 ❶。之所以在公元 2000 年前很难发展，部分原因是分析数据难以获取。❷

机构过去往往需要通过大量的调查问卷、访谈等方式进行调研。之后，随着互联网及社交媒体的快速发展，如论坛、博客、微博等网络社会媒体兴起后产生的大数据推动了情感分析的研究，情感分析也成为分析这些文本大数据必不可少的技术手段。

---

❶ Nasukawa T, Yi J. Sentiment Analysis : Capturing Favorability Using Natural Language Processing. In Proceedings of the 2nd International Conference on Knowledge Capture,2003：70-77。

❷ 从 20 世纪 40 年代开始，管理学中就已经开始了对社交主体及社交网络中的交互行为和关系进行研究。

在这些大数据中，包含着人们褒贬不一、乐观悲情、支持反对、赞赏批评的意见和观点，而且由于意见和观点具有一定的"隐蔽性"，即人们没有必要在评论上遮遮掩掩，所以发表观点相对而言，更能代表人们真实的情感。现在，情感分析在很多学科的研究及各领域中均得到了广泛的应用，比如经济学、管理学、社会学等，再比如像快消行业、零售行业、金融业、房地产、旅游、工业等。

图1-2是谷歌趋势（Google Trends）给出的"情感分析"的日数据，可以看到从2004年2月开始，到2021年5月，情感分析的热度一直处于上升的态势❶。

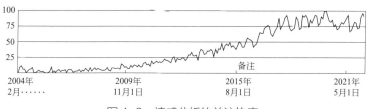

图1-2　情感分析的关注热度

不少大公司，如微软、谷歌、Facebook、亚马逊、百度、腾讯和阿里云等公司都构建了自己的情感分析系统。图1-3和

图1-3　百度AI开放平台下的情感分析

❶ 谷歌趋势基于谷歌搜索，它显示的是整个世界（或地区）的一个特定搜索项的搜索热度表现。

图 1-4 分别是百度 AI（人工智能）开放平台下的情感倾向分析和腾讯 AI 开放平台下的情感分析平台。感兴趣的用户可以直接在上面进行情感分析的体验。

图 1-4　腾讯 AI 开放平台下的情感分析

很多情况下，观点评价一般都隐含人们对事物正面或是负面的情绪，表现在文本语言上就是人们所表达的语句是褒义还是贬义，在一些特殊的场合下，会有一些中立的评论。人们生长的环境不同，受到经济、文化、社会的影响，不同人的观念可能也是不同的，导致对同样的事物会有不同的评价。

不同的人有不同的经历，之前有过不愉快经历的人们对戳到痛点的评价与其他人很有可能不同；不同的认知也会导致对事物的评价不同，同一时间下不同的人会对同一事物有着褒贬不一的评价，比如炒股正是人们对股票的表现褒贬不一，才构成了交易的基础。

时间会冲淡一切，不同的时间同一个人对同一事物可能也会表现出不同的情感。当人们评价一个事物时，事物的属性往往不止一面，很多时候一个情感的表达是出于多属性综合（加权）考虑的结果，这就类似于经济学中的绝对优势和比较优势，一款性能十分优越的手机为什么没有成为你最终的选择，很多时候评论中往往带着"买不起""就是太贵了""这简直就是抢钱"等字样，这就是它的价格属性决定了人们的抵触情绪。

让人工智能来进行情感分析，需要将上述的这些"人为"因素告诉它们，在这点上，人工智能其实一点也不智能，它们时而需要人们用它们能够理解的语言告诉它们规则，时而需要人们用它们能够读懂的格式读入数据，时而两者皆有。一句话：情感分析上，人们要做的就是让人工智能"情窦初开"。

针对前文的描述，可以总结出以下五个因素代表观点评价的元素：

- 评价目标
- 评价目标的某个属性
- 评价人
- 评价人对评价目标或属性的情感
- 评价人发表评价的时间

称上述五个元素为观点的五元组。

通过一句评论加深对五元组的一个了解，如：

> 西门烤翅 2022-3-15
>
> ★★★★☆
> 今年情人节那天我买了一台笔记本电脑，我非常喜欢这台电脑，这台电脑的屏幕很大，电脑的容量足，运行速度也特别快！！就是有点重。但是，我老婆说这款电脑用一段时间后会比较烫，而且敲击键盘时声音略响，触摸板不灵活。

从上面这句话可以看到，评论中既有褒义的正面评价，也有贬义的负面评价。从评价目标来看，是某特定笔记本电脑；从评价目标的属性来说，有电脑的屏幕、运行速度、重量、散热以及电脑的键盘和触摸板；从评价人来看，有两位，即某男士和他的爱人；最后，从发布时间来看，是2022年的情人节。从给出的标星评价来看，总体还是正向的。

# 1.2 NLP 来相助

## 1.2.1 什么是 NLP

要进行情感分析，离不开人工智能的自然语言处理技术（natural language processing，缩写为 NLP），因此有必要对自然语言处理的概念及其发展有一个大致的了解。

自然语言处理是语言学、计算机科学和人工智能的一个子领域，是计算机和人类语言之间的交互，特别是如何使用计算机来处理和分析大量的自然语言数据。目标是让计算机能够"理解"文档的内容。自然语言处理涉及语音识别、自然语言理解和自然语言生成等内容。

说起自然语言处理，很多人对"自然"一词可能存在一些疑惑。之所以称"自然"，其实是为了强调语言是自然进化而来，并不是人为创造的，比如现在的 Python 语言等就是人为设计的语言。人们对机器语言可能并不熟悉，但自然语言处理为人类用户与机器间进行交流构筑起一座桥梁。

通常认为，自然语言处理的发展经历了四个阶段：第一个阶段是 1950 年代前的萌芽时代，第二个阶段是 1950 年代至 1990 年代初的符号自然语言处理阶段，第三个阶段是 1990 年代至 2010 年代的统计自然语言处理阶段，第四个阶段是 2010 年代开始至今的神经自然语言处理。

（1）萌芽时代（1950 年代前）

机器翻译（machine translation）与自然语言处理有着千丝万缕的联系，其历史可以追溯到 17 世纪。当时的戈特弗里德·威廉·莱布尼茨（Gottfried Wilhelm Leibniz）和勒内·笛卡儿（René

情感分析：人工智能如何洞察心理

Descartes）等哲学家提出了将语言之间的单词联系起来编码的建议，然而这些建议都只是停留在理论上，并没有实际机器的开发。

1913 年，安德烈·安德烈耶维奇·马尔科夫（Andrey Andreyevich Markov）从对俄罗斯文学的经典作品亚历山大·普希金的歌剧小说《尤金·奥涅金》的统计分析中发现，小说的字母并不是随机分布，而是能够统计建模的，从而提出马尔科夫随机过程与马尔科夫模型。1948 年，克劳德·艾尔伍德·香农（Claude Elwood Shannon）将离散马尔科夫的概率模型用于了语言自动机，同时采用手工方法统计英文字母出现的频率。

最早的"机器翻译"专利是在 20 世纪 30 年代初申请的。当时，法国科学家 G.B. 阿尔楚尼（Artsrouni）提出一个建议，用纸带制作一个自动双语词典；苏联彼得·特罗扬斯基（Peter Troyanskii）提出的另一项建议则更为详细，包括双语词典和一种基于世界语处理语言之间语法角色的方法，并在 1933 年 9 月申请了专利，然而受限于当时的技术水平，该翻译机并没有问世。

1946 年第一台现代电子计算机 ENIAC 诞生后不久，美国科学家沃伦·韦弗 (Warren Weaver) 博士和英国工程师安德鲁·布斯（Andrew D.Booth）博士就提出通过计算机完成语言自动翻译的想法 ❶。

（2）符号 NLP 时代（1950 年代至 1990 年代初）

自然语言处理起源于 20 世纪 50 年代。1950 年，阿兰·图灵发表了《计算机器和智能》（*Computing Machinery and Intelligence*）一文，提出了图灵测试和自然语言的自动解释与生成 ❷。1954 年，

---

❶ Hutchins W J. Machine Translation：A Brief History.Concise History of the Language Sciences,1995,431-445.

❷ Turing A M. Computing Machinery and Intelligence,Mind,LIX (236)，1950，433–460.

一项实验将 60 多个俄语句子全自动翻译成英语，研究人员声称在三到五年内将彻底解决机器翻译问题。然而，乐观的心态并没有实现他们的"承诺"，真正的进展要慢得多。1957 年，诺姆·乔姆斯基（Noam Chomsky）的《句法结构》（ *Syntax Structures* ）给语言学带来了一场革命，并带来了一种基于规则的句法结构系统——通用语法（universal grammar）。前期提出的基于统计的方法，如贝叶斯、隐马尔科夫等方法尽管也在不断更新，但是明显基于规则的方法占据了主流。

1966 年，ALPAC 报告发现，十年的研究未能达到预期，因此，在机器翻译方面投入的资金大幅减少❶。直到 20 世纪 80 年代末第一个统计机器翻译系统被开发出来后，人们才对机器翻译进行了进一步的研究。

20 世纪 60 年代开发的一个非常成功的 NLP 系统是 SHRDLU，这是一种在使用有限词在有限"积木世界"运行的一种自然语言系统。在 20 世纪 70 年代，许多程序员开始编写"概念本体"，将真实世界的信息组织成计算机可理解的数据。在此期间，许多聊天机器人被编写出来。

20 世纪 80 年代和 90 年代初是自然语言处理中符号方法的全盛时期。当时的重点领域包括基于规则的解析、形态学（morphology）、语义学等自然语言理解领域。直到 20 世纪 80 年代，大多数 NLP 系统都是基于复杂的手写规则集。

总之，符号 NLP 之所以受到重视，这与中文屋实验的提出有很大的关系，因为所有人都见证了在给出一组匹配的规则后，即便不懂中文，也可以利用规则给出"合理"的中文回复，因此，计算机也可以通过一些规则模拟人类的语言，尽管其完全不懂语言的含义。

---

❶ John RP, John B C.Language and Machines — Computers in Translation and Linguistics. ALPAC report.National Academy of Sciences, National Research Council,1966.

（3）统计 NLP 时代（1990 年代至 2010 年代）

从 20 世纪 80 年代末开始，随着用于语言处理的机器学习算法的引入，自然语言处理领域发生了一场革命。这既是由于摩尔定律带来的计算能力的稳步增长，也是由于乔姆斯基语言学理论（Chomskyan theories of linguistics）的主导地位逐渐减弱，因为该理论不鼓励利用机器学习的方法对语料库进行处理。

20 世纪 90 年代，在 NLP 的统计方法上，许多早期的显著成功都发生在机器翻译领域，特别是在 IBM 研究中心的工作。随着网络的发展，自 20 世纪 90 年代中期以来，越来越多的未经注释的原始语言数据已经可以使用。因此，研究越来越关注无监督和半监督学习算法。这样的算法可以从未手工标注的数据中学习所需的答案，或者使用标注和未标注数据的组合。

一些最早使用的机器学习算法，如决策树，产生了与现有手写规则类似的"如果……那么……"规则系统。研究越来越多地集中在统计模型上，做出概率性的决策。当给出不熟悉的输入，特别是包含在现实世界中常见的输入错误时，这些模型的鲁棒性（Robustness）也很强，当集成到包含多个子任务的更大的系统中时，产生的结果更可靠。

（4）神经 NLP（2010 年代至今）

统计方法的一个主要缺点是它们需要精细的特征工程。在 2010 年代，以深度神经网络为代表的机器学习方法在自然语言处理中的应用变得越发广泛。这一方面得益于大数据的指数级增长，为学习训练数据积累了大量的素材；另一方面，当数据量大到一定程度的时候，原来的一些如支持向量机等传统机器学习算法很难对海量数据中的特征进行分析，算法性能提升受限，然而端到端的深度学习算法则非常灵活，更能有效应对大数据。还有一个非常重要的原因，即计算机的存储和算力等也在不断加强，这为处理分析数据提供了保障。

自 2015 年以来，相关领域在很大程度上放弃了统计学方法，转向了用于机器学习的神经网络。流行的技术包括使用单词嵌入来捕获单词的语义属性，以及增加对任务的端到端学习。在某些领域，这种转变导致了 NLP 系统设计方式的重大变化，例如，基于深度神经网络的方法可能被视为一种有别于统计自然语言处理的新范式。

## 1.2.2　NLP 主要应用领域

就现有技术而言，自然语言处理主要用于以下领域：文本分类、信息提取、主旨概括、人机应答、机器翻译、文本生成、情感分析等。

（1）文本分类

这是一类几乎所有实际应用都离不开的"幕后大佬"，其技术目的正如其名，是将文本根据一定条件，比如内容长短、用户喜好、主旨门类等来进行分类，以便于之后的处理或者应用，是后面要提到的众多应用的基石。比如说过滤垃圾邮件，就利用到了文本分类技术。

（2）信息提取

信息提取又叫信息抽取，其目的是将文档中包含的信息按照预先设定好的格式提取整理出来，方便后续的检查和比较等工作。信息提取类似于对图书馆中的书籍进行管理，管理系统需要的基础信息就是书名、作者、版本号、年限、主题等关键信息，信息提取就是将这些信息提取并整理成数据库。至于哪些书是同一个作者所著，哪几个笔名可能属于同一个作者，这类更深层次的信息比对一般是交由其他的应用去负责。信息提取被广泛应用在搜索服务方面，通过对搜索内容，比如海量的网页或者文档等文字资源进行信息提取，从文档中提取主要词语并用于搜索，来提高搜索精度。

（3）主旨概括

主旨概括就是阅读理解中说的提取文章中心思想。当然，现有的技术大多是在文章中提取最能概括文章内容的短语短句，并进行串联合成。这个技术是通过将语句向量化并对词语附加权重，来实现重点语句提取。该技术的出现也给搜索服务等实际应用领域带来了新的创新方向，如果用户搜索的关键词和网页概括的主旨有较强的关联性，通过提供该网页作为搜索结果，就能一定程度上弥补因用户搜索用词模糊而带来的搜索精度问题。另外，在邮件服务领域，自然语言处理能够有效地检测出垃圾邮件，和传统的垃圾邮件过滤器不同，自然语言处理通过分析邮件内容，在深层的语义层次识别和过滤垃圾邮件。

（4）人机应答

人机应答就是现阶段我们能最直观接触到的应用技术之一，智能语音助手就是该技术的一个主要应用方向。人机应答技术主要目的是通过与用户一问一答的方式来整理归纳信息，一方面引导用户提供更具有结构性的信息来对用户需求进行分类，一方面通过分析用户的对答内容优化信息库结构。这方面最典型的例子要数在线客服服务系统，系统会在大量的用户咨询反馈中总结出热点问题，整理出这些问题的知识结构，然后在线客服在接到客户咨询时，就会有针对性和方向性地引导客户有序地进行自我诊断和问题排查，从而精确定位到实际问题的答案上或者建议客户转接人工客服来提供数据库外的信息咨询服务。

文本分类、信息提取、主旨概括，这三类技术应用都是自然语言处理的基础性研究。而诸如人机应答等方向，则更适合直接落地到各类服务领域之中。

（5）机器翻译

机器翻译是从自然语言处理兴起伊始就被研究人员关注的

应用方向，翻译的精度也或多或少地反映出了该时代自然语言处理的发展水平，被视为是人工智能研究的终极目标之一。早期的机器翻译是基于词典的匹配算法，简而言之就是让机器替用户翻词典，对于逐字逐词的翻译还算可以，但一旦文本长度加长，文本结构复杂化，翻译结果就一塌糊涂。随着人工智能和信息学领域的发展，专家系统出现，从而提供了新的解决方案。科研人员通过请语言学专家配合构建语法规则，将字词匹配式翻译升级到了规则式翻译，使得机器翻译能够对应句子级别的翻译需求。但是精度问题仍然存在，语言的灵活性不是单纯的规则构建就能完全囊括的，更不要说翻译是需要连通两种语言。而随着数字化时代的到来，数字化的语料库（语言数据库）逐渐丰富，利用统计和概率学的翻译模型被推崇，计算的灵活度大大缓解了规则的僵化带来的翻译精度和对应的文本长度问题。直到 2016 年，谷歌率先将其旗下的在线翻译系统更换为以深度神经网络模型为基础的机器翻译服务，在翻译精度和计算成本方面有了很大提升❶。

（6）文本生成

文本生成包含文本到文本，数据到文本，图像到文本等技术方面。文本生成的实例比较多，比如清华大学的九歌系统，华为的"乐府"都能够根据用户输入的关键词来生成内容相合的诗歌。

（7）情感分析

情感分析中也要利用到自然语言处理技术对文本进行分析，找出大众对商品、服务以及一些热点事件的态度。下一节内容中将对情感分析展开详细的阐述。

---

❶ Wu Y, Schuster M,Chen Z,et al. Google's Neural Machine Translation System：Bridging the Gap between Human and Machine Translation.Computation and language, 2016.

# 1.3 情感即分类

## 1.3.1 情感分析的对象与方法

前文中讲了什么是情感分析，那么人工智能是如何"识"情"辨"情的。心理学家喜欢将情感分门别类，那么直觉告诉我们，情感分析最终要解决的也是一个分类问题。

情感分析的目的主要是识别出对评价对象的正面或者负面的观点，因此从最终的结果来看，我们其实不用理会那些复杂的情绪分类，只需要知道情感的正与负，或者说是态度的褒与贬。从数学上看，情感分析的结果是一维的，相当于将复杂的情感映射到一个实数坐标轴上进行赋分。再具体点，就是一个二分类问题。也有些研究将情感分析分为正向、中立与负向的三分类问题，本书中选择将情感分析作为二分类问题进行论述。

情感分析根据要处理文本对象的颗粒度不同，可以分为以下三个等级：

- 篇章级（也称文档级）
- 句子级
- 属性级

简单来说，篇章级情感分析就是指判断整篇文章表达的情感。它的前提假设是整篇文章只有一个待评级对象。这显然与现实不太相符，现实情况往往是一篇文章中会有多个评价的对象。

句子级的情感分析就是分析某句话中所表达出的态度。它假设一个句子中分析出的态度代表了整句话的态度。

无论是篇章级还是句子级的情感分析，都无法明确对事物的喜好或厌恶到底在哪。因此需要颗粒度更细的属性级分析。

属性级情感分析针对更细的结果，抽取评价对象的属性进行分析，直指观点对应的目标。比如在对一些商品的评价中，尽管最终评价结果是褒义的，但是可能存在某些属性并不满意的情况。

目前，利用人工智能进行情感分析，主要有三种方式：

- 基于情感词典
- 基于机器学习
- 基于深度学习

通常，基于情感词典的情感分析方法具备很强的鲁棒性，在一些如工业等专门的领域常采用这种方式，它不依赖于机器学习等算法中的数据标注，同时便于查找错误的来源，并可以简单地修改或者增减规则来纠错，这是机器学习和深度学习所不具备的。

然而，基于情感词典的缺点也很明显，构造词典和规则等需要耗费大量的人力与物力，而且正如前文中所述，不同的词典和规则可能导致不同的结果。基于情感词典的分析还有一个不足之处，分析结果的准确率与词典中的词语数量成反比。

在利用机器学习进行情感分析时，主要使用的是监督学习方法。如支持向量机、朴素贝叶斯等方法。另外，卷积神经网络、循环神经网络（尤其是 LSTM 网络）在情感分析中效果显著。

至今，仍然没有一个算法可以很好地解决情感分析问题，在情感分析方向，可以说还是一个起步的初期阶段。现在很多算法都是利用机器学习及深度学习等方式对语言进行处理，由于这些算法属于黑箱理论，得出的结果缺乏可解释性。

值得注意的是，虽然情感分析是基于文本的分析，然而现在却不要我们将很多的精力放在传统语言学的知识点上。一些学者认为，传统的语言学是为了让人去理解的，机器无法按照人的这种理解去工作。这就好比鸟和飞机，人们自古渴望像鸟一样在天空飞翔，最终人们实现了让飞机在天上"飞"（飞的功能），然而永远不会像鸟儿那样"飞"（基于鸟的飞行原理）。

## 1.3.2　情感分析的主要应用

（1）舆情分析

舆情是"舆论情况"的简称，是指在一定的社会空间内，围绕中介性社会事件的发生、发展和变化，作为主体的民众对作为客体的社会管理者、企业、个人及其他各类组织及其政治、社会、道德等方面的取向产生和持有的社会态度。它是较多群众关于社会中各种现象、问题所表达的信念、态度、意见和情绪等表现的总和。舆情分析就是根据特定问题的需要，对针对这个问题的舆情进行深层次的思维加工和分析研究，得到相关结论的过程。比如2006年创立的"谷歌趋势"和"百度指数"等就是通过收集网民行为数据，进行数据分享的平台。

很多人认为，一些国家的总统选举，靠的是总统的学识、魅力以及口才，其实近些年来，随着网络及社交媒体的快速发展，一项更重要的参考出现，那就是网络舆情的情感分析。当年，某国的总统竞选团队正是通过网络收集大量信息，通过舆情分析，有针对性地进行布局，最终赢得了总统的选举。

2020年初，在抗击新型冠状病毒的过程中，很多企业也积极利用舆情分析为抗击疫情贡献了力量。比如，瑞莱智慧联合清华大学人工智能研究院共同研发，推出了"新冠肺炎疫情 AI 话题分析平台"，帮助用户随时唾手可得疫情的最新变化。该平台能够对多渠道海量媒体信息进行自动抓取采集、识别分析，进行新闻追踪和话题导向分析，分析地区关注度变化，为用户第一时间推送全网话题最新动态，满足用户对疫情舆情监测的需求，为作出正确舆论引导提供分析依据。

企业和个人也对有关他们的舆情十分关注。社会舆论会对一些企业和个人，比如企业的社会形象，名人和艺人的声誉等带来很大的影响，时刻关注舆情对他们有着非常重要的意义。

（2）商业领域

作为生产厂商或者商家来说，消费者对他们的产品和服务的评价都十分重要。通过对海量评价数据的情感分析，厂商或商家能够有针对性地发现用户对商品及其属性的褒贬评价，找到不足之处加以改进，另外，他们也会通过情感分析对竞争对手的产品进行分析，提升自己的竞争优势。

一些机构还抽取大众对影视作品的评论数和评论中的情感词，进行电影票房的预测或是电视作品的剧情设定等。还有一些公司，利用情感分析挖掘用户对产品或者其他消费品的评论，利用用户的打分，对这些事物进行排序，并给出总体意见以及分值排序，为即将消费的用户提供参考借鉴。

（3）金融领域

情感分析还可以用在股票的预测上，这点与行为金融研究领域相关 ❶。其中，在分析股民对股票的情感上，文本情感分析是一个重要的工具。一些学者利用大众对股票的评论建立一些情感指数，即褒义看涨、中性不涨不跌以及贬义看跌，将情感指数与实际股市指数建立了关联，提前预测一些实际股票指数的走向。

还有一些学者，在茫茫的社交媒体海洋中找出了一些慧眼识股的"大神"，他们对股票的评价总是那么精准，然后将这些人的评论当成变量训练股票价格预测模型。一些学者利用博客、评论及网络媒体中的文本信息设计股票交易策略。

---

❶ 对行为金融学在投资中的应用感兴趣的读者，可以参看笔者所著的《投资决策分析与优化——基于前景理论》。

第 **2** 章

# 情感词典查情断意

2.1 分词与词典

2.2 只有"情感"行不行

2.3 基于情感词典的案例

# 2.1 分词与词典

## 2.1.1 分词，情感分析第一步

什么是词？这个问题至今也没有一个权威的表述。通常认为，在汉语中，词是一个及一个以上的文字构成的有意义的句子的最小单位。因此，从文章中确定出词是自然语言处理的第一步，也是最关键的步骤之一。

不同于中文，英文的单词与单词之间有空格，所以做到了"天生"的分词。在英文的情境下，可以利用空格将词与词进行分隔，如果想提取一段英文文本中的单词，只需要使用字符串处理的 split( ) 方法即可。如输入下面的代码：

```
str = " Machine learning is seen as a part of
artificial intelligence. "
str.split()
```

则可以得到如下结果：

```
['Machine',
 'learning',
 'is',
 'seen',
 'as',
 'a',
 'part',
 'of',
 'artificial',
 'intelligence.']
```

另外，由于标点符号的存在，比如逗号、句号、冒号、感叹号甚至括号等，都可能成为分词的标志。但是对于一段中文文本，获得其中的单词则比较困难，因为中文单词之间缺少分隔符。

汉语是通过语素分析进行词语分解的，也就是基于词典识别词语进行分词，它将文档中的字符串与词典中收录的词逐一匹配，如果字符串属于词典，则匹配成功，进行分词，否则无法分词。

这种分词的方式简单、实用，但缺点就是无法保障词典的完备性。另外，假如词典中没有收录某词语，比如"中国人工智能学会"一词，那么就无法将该词作为一个整体提取出来，而可能是将其进行拆分，如下所示：

中国人工智能学会 / 在 / 北京 / 召开 / 大会
中国 / 人工智能 / 学会 / 在 / 北京 / 召开 / 大会

基于语法分词也是分词方式的一种，它是在分词时借助句法和语义信息。由于对语法知识要求很高，这种分词方法的精度并不是十分理想。基于统计的分词是通过字符串在语料库中出现的频率以及相邻词出现的概率进行分词。

分词十分重要，其中学问也博大精深，感兴趣的读者可以参考其他书籍或是参看《中文分词十年回顾》《中文分词十年又回顾：2007—2017》（见前言二维码中网址 2）等相关文献❶。

分词涉及粒度问题。粗粒度分词是将词作为语言的最小单位进行分词，细粒度分词则是在粗粒度分词基础上对词内部的语素进行再次分词。粗粒度分词时会将一些词作为一个整体，而细粒度则还要求对该词的各个语素进行分词。

这里简单介绍下最常用的工具之一——jieba。jieba，中文也称结巴，当将词一个个分开，有些词甚至还会出现多种形式时，

❶ 黄昌宁，赵海 . 中文分词十年回顾 . 中文信息学报 ,2007, 21(3)：8-19.

说起来就像结巴一样，十分形象。

jieba 库是一款优秀的 Python 第三方中文分词库，不是 Python 安装包自带的，如果电脑中没有安装 jieba 库的话，可以使用下方 pip 指令进行安装：

```
!pip install jieba
```

jieba 分词结合了基于规则和基于统计两类方法。首先基于前缀词典进行词图扫描，前缀词典是指词典中的词按照前缀包含的顺序排列，例如词典中出现了"北"，之后以"北"开头的词都会出现在这一部分，例如"北京"，进而会出现"北京市"，从而形成一种层级包含结构。如果将词看作节点，词和词之间的分词符看作边，那么一种分词方案则对应着从第一个字到最后一个字的一条分词路径。因此，基于前缀词典可以快速构建包含全部可能分词结果的有向无环图，这张图中包含多条分词路径，有向是指全部的路径都始于第一个字，止于最后一个字，无环是指节点之间不构成闭环。

jieba 提供了三种分词模式：

① 精确模式。试图将句子最精确地切开，适合文本分析。

② 全模式。把句子中所有可以成词的词语都扫描出来，速度非常快，但是不能解决歧义。

③ 搜索引擎模式。在精确模式的基础上对长词再次切分，提高召回率，适合用于搜索引擎分词。

在全模式和搜索引擎模式下，jieba 将会把分词的所有可能都打印出来。一般直接使用精确模式即可，但是在某些模糊匹配场景下，使用全模式或搜索引擎模式更适合。

前面提到，网上有这么一段评论：

今年情人节那天我买了一台笔记本电脑，我非常喜欢这台电脑，这台电脑的屏幕很大，电脑的容量足，运行速度也特别快！！就是有点重。但是，我老婆说这款电脑用一段时间后会比较烫，而且敲击键盘时声音略响，触摸板不灵活。

通过调用 jieba 库，可以对上文例句进行不同类型的分词。

```
import jieba
seg_str ="今年情人节那天我买了一台笔记本电脑，我非常喜欢这
台电脑，这台电脑的屏幕很大，电脑的容量足，运行速度也特别快！！
就是有点重。但是，我老婆说这款电脑用一段时间后会比较烫，而且
敲击键盘时声音略响，触摸板不灵活。"
print("/".join(jieba.lcut(seg_str)))        #精确模式
```

精确模式分词结果如图 2-1 所示。

今年/情人节/那天/我/买/了/一台/笔记本电脑/，/我/非常/喜欢/这台/电脑/，/这台/电脑/的/
屏幕/很大/，/电脑/的/容量/足/，/运行/速度/也/特别/快/！/！/就是/有点/重/。/但是/，/
我/老婆/说/这款/电脑/用/一段时间/后/会/比较/烫/，/而且/敲击/键盘/时/声音/略响/，/触
摸板/不/灵活/。

图 2-1　精确模式分词结果

通过引入"cut_all=True"，可以得到全模式的分词结果，如图 2-2 所示。

```
print("/".join(jieba.lcut(seg_str, cut_all=True))) # 全
模式
```

今年/情人/情人节/那天/我/买/了/一台/台笔/笔记/笔记本/笔记本电脑/电脑/，/我/非常/喜
欢/这/台电/电脑/，/这/台电/电脑/的/屏幕/很大/，/电脑/的/容量/足/，/运行/行速/速度/
也/特别/快/！！/就是/有点/重/。/但是/，/我/老婆/说/这款/电脑/用/一段/一段时间/段时
间/时间/后会/比较/烫/，/而且/敲击/击键/键盘/时/声音/略/响/，/触摸/触摸板/不灵/灵
活/。

图 2-2　全模式分词结果

加入"lcut_for_search"语句，可以实现搜索引擎模式分词，结果如图 2-3 所示。

```
print("/".join(jieba.lcut_for_search(seg_str))) # 搜 索
引擎模式
```

今年/情人/情人节/那天/我/买/了/一台/笔记/电脑/笔记本/笔记本电脑/，/我/非常/喜欢/这台/电脑/，/这台/电脑/的/屏幕/很大/，/电脑/的/容量/足/，/运行/速度/也/特别/快/！/！/就是/有点/重/。/但是/，/我/老婆/说/这款/电脑/用/一段/时间/段时间/一段时间/后/会/比较/烫/，/而且/敲击/键盘/时/声音/略响/，/触摸/触摸板/不/灵活/。

图 2-3　搜索引擎模式分词结果

从图 2-1 ~ 图 2-3 中可以看出，三种分词模式给出的分词略有不同。精确模式可以将文本"精确"划分，没有词语上的冗余，适合文本分析。全模式则是尽可能"全面"地给出所有单词，不可避免地存在很多冗余。而搜索引擎模式则是在精确模式的基础之上，再进行一次长词的分词，提高召回率。

在分词的过程中，一些新出现的词在语料库中往往是不存在的，如果人工智能无法识别，将会影响到分析的结果，因此还要向人工智能传递新的词汇知识，此时追加语料库操作就十分必要。下面的代码对一条新闻进行了分词。

```
import jieba
str = "地摊经济，是指通过摆地摊获得收入来源而形成的一种经济
形式。"
print("/".join(jieba.lcut(str)))
```

从结果来看，人工智能此时并不知道"地摊经济"，因此在分词时并未将其作为一个整体，结果如下所示：

```
地摊 / 经济 /，/ 是 / 指 / 通过 / 摆地摊 / 获得 / 收入 / 来源 / 而 /
形成 / 的 / 一种 / 经济 / 形式 /。
```

当向语料库中追加了这些词后，人工智能有了新的知识，从而再分词时就能识别出这些词语。可以通过下面的代码向词典中追加词语：

```
jieba.add_word(" 地摊经济 ")
```

此时再对该条新闻进行分词时，可以发现"地摊经济"不再作为

"地摊""经济"两个词语出现，而是变成一个词语，如下所示：

地摊经济 / ，/ 是 / 指 / 通过 / 摆地摊 / 获得 / 收入 / 来源 / 而 / 形成 / 的 / 一种 / 经济 / 形式 / 。

jieba 库有以下几个特点：

① 社区活跃。社区活跃度高，代表着该项目会持续更新，实际生产实践中遇到的问题能够在社区反馈并得到解决，适合长期使用。

② 功能丰富。jieba 其实并不是只有分词这一个功能，其是一个开源框架，提供了很多在分词之上的算法，如关键词提取、词性标注等。

③ 提供多种编程语言实现。jieba 官方提供了 Python、C++ 等多平台多语言支持，在实际项目中，进行扩展十分容易。

④ 使用简单。jieba 的 API 总体来说并不多，且需要进行的配置并不复杂，方便上手。

除了 jieba 外，还有一些常用的分词工具，比如 SnowNLP、PkuSeg、THULAC、HanLP 等，这里对 SnowNLP 进行简单的说明，它也是进行文本分析时一个常用的库。

SnowNLP 主要可以进行中文分词、词性标注、情感分析、文本分类、拼音转换、繁体转简体、文本关键词提取、摘要提取、句子分割、相似文本等功能。

其中，SnowNLP 一个最大的亮点就是能够快速判断一句话的情感倾向。不过，需要注意的是，用 SnowNLP 进行情感分析时，官网指出进行电商评论的准确率较高，其实是因为它的语料库主要是电商评论数据，所以可以自己构建相关领域语料库，替换单一的电商评论语料，准确率也很不错。

利用下面的代码可以在 Jupyter 环境中安装 SnowNLP 库。

```
pip install snownlp
```

利用 SnowNLP 可以给不同的评论进行打分：

```
from snownlp import SnowNLP
# 评论
comment1=' 这真的是一部不错的电影。'
comment2=' 我觉得这本书并不像想象中的那样好。'
comment3=' 这儿的菜味道很差。'
# 给出情感分值
print(SnowNLP(comment1).sentiments)
print(SnowNLP(comment2).sentiments)
print(SnowNLP(comment3).sentiments)
```

结果显示如下：

```
0.9794777769756053
0.8018012896712823
0.10169782059183718
```

可以看出，对评论 1 和评论 3 分别给出了很高与很低的分值，说明较准确地判断出了意图，明确了句子的情感。评论 2 中给出了较高的分值，说明此时认为该评论人认为该书总体上还是可以的，因此属于正向评价。有意思的是，如果将评论 2 中的"好"去掉，分值则从 0.80 变为 0.70，说明一个"好"字对整句情感的影响。

为了能够系统学习情感分析的内容与实现，加上 jieba 的一些独特优势，本书将以 jieba 作为分词工具。对 SnowNLP 感兴趣的读者可以参看其他书籍或资料，这里就不再赘述。

## 2.1.2　词典，让 AI 长知识

人类是如何认识单词的呢？从小我们就使用词典，上面有词语的详细解释。能否利用相同的方式让人工智能了解词语的含义？人们为此做了大量的尝试，目前让人工智能识词的普遍做法类似于同

义词词典，也就是将意思相同或相近的单词归为一类。

自然语言处理领域，最有名的同义词词典当属 WordNet，它也激发了李飞飞的灵感，使她创建了 ImageNet。

WordNet 是由普林斯顿大学心理学、语言学和计算机等学科的研究人员在 1985 年开发的一种同义词词典，是按照词语的意思构成的语义网络。它源于乔治·米勒（George A.Miller）提出的思想，即可以用同义词集合表示词语概念，并在词的形式和意义之间建立起映射关系（mapping）。通过这样的同义词集合，就可以让人工智能了解到词语之间的相关性。WordNet 的层次结构如图 2-4 所示。

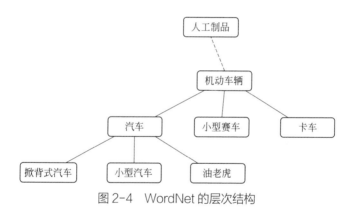

图 2-4　WordNet 的层次结构

以名词网络的上位 - 下位关系为例：例如床（bed）和双层床（bunkbed）之间，就是 {bunkbed} IS A {bed}，这是语义网络中的一种类属关系。另外，还有整体 - 部分关系，例如椅子（chair）与椅子腿（leg），椅子腿是椅子的一部分，这在语义网络中属于聚集关系。

然而，这样的词典也存在一些问题，首先是词语的新旧更迭问题。随着时代的变迁，会出现不少新的词语，一些旧的词语使用频率会越来越低，另外，还有些词也会被赋予新的含义，这些都需要不断对词典进行更新。其次，更新词典需要耗费很大的人力物力。最后，即便是完善了词典，一些词语之间细微的含义也很难彻底划分清楚，这也对利用情感词典的方式带来了一定的影响。正是因为这些问题的存在，人工智能的情感分析经历了从词典到现在的深度学习的演变。本章，我们先将视角聚焦在情感分析的词典与规则上，后面的内容将逐步展示情感分析的技术演变。

## 2.2 只有"情感"行不行

### 2.2.1 情感词典的建立

面对如下的评论，情感分析应该如何进行情感的判断呢？

这台电脑的屏幕很大，电脑的容量足，运行速度也特别快！！就是有点重。用一段时间后会比较烫，而且敲击键盘时声音略响，触摸板不灵活。

读者可以思考，如果是你，你会认为这句话是正向还是负向，是褒义还是贬义呢？根据语言学的规律，首先需要识别出文本中的情感词。从头逐词看看褒义（正向）词和贬义（负向）词都有哪些，并且将它们分类到情感词典中：

情感词典之正向词典 =[ 大，足，快，灵活 ]；

情感词典之负向词典 = [ 重，烫，响 ]；

文本是定性的，计算机需要的是定量的输入，如何将定性的文本转化为定量的输入呢？这就需要为其打分（就是前文说的一种映射），可以利用"规则1"给出分值：

假如评论中出现了一个正向的词，赋值"1"分，出现一个负向的词，给予"-1"分。

这样"一见钟情"的规则建立后，人工智能就可以开始判别了，由于文中出现了 4 个正向词，3 个负向词，此时的评论得分为 1 分（4−3=1）。以"0"分（中立，不好也不坏）为一个情感的分界线，1 分说明总体上这台电脑的得分还是正向的，是褒义的评价。因此，利用情感词典和规则，就能将一个定性的评论给出量化的情感得分。

接下来将进行案例展示，使用基于情感词典的文本情感分类规则对刚才这句评论进行情感分析。首先梳理一下流程：

① 建立积极情感词典和消极情感词典，初始化积极情感分值和消极情感分值；

② 将这句评论进行分词处理；

③ 遍历分词结果，根据建立的情感词典，定位情感词。如果分隔的词在积极情感词典里，将积极情感分值 +1，如果分隔的词在消极情感词典里，将消极情感分值 −1；

④ 输出积极情感分值、消极情感分值以及情感总分值。

首先，利用如下代码，建立积极情感词典和消极情感词典，并将积极情感分值和消极情感分值进行初始化。

```
# 建立积极情感词典及消极情感词典
posdict=['大','流畅','好','厉害','足','快','灵活',
'轻便']
negdict=['差','重','响','烂','烫','小','厚','热']

# 初始化情感分值
poscount=0
negcount=0
```

其次，调用 jieba 库，使用"jieba.lcut"进行精确模式分词，分出的词可以产生一个 list 列表。

```
# 引用 jieba 库自动分词
import jieba
# 使用精确模式进行分词, jieba.lcut 可以直接生成分词后的列表
words=jieba.lcut(' 这台电脑的屏幕很大，电脑的容量足，运行速
度也特别快！！就是有点重。用一段时间后会比较烫，而且敲击键盘
时声音略响，触摸板不灵活。')
# 显示分词后的列表
print(words)
```

输出结果如下所示。

```
[' 这台 ', ' 电脑 ', ' 的 ', ' 屏幕 ', ' 很大 ', ' ， ', ' 电脑 ',
' 的 ', ' 容量 ', ' 足 ', ' ， ', ' 运行 ', ' 速度 ', ' 也 ', ' 特别 ',
' 快 ', ' ！ ', ' ！ ', ' 就是 ', ' 有点 ', ' 重 ', ' 。 ', ' 用 ',
' 一段时间 ', ' 后 ', ' 会 ', ' 比较 ', ' 烫 ', ' ， ', ' 而且 ',
' 敲击 ', ' 键盘 ', ' 时 ', ' 声音 ', ' 略响 ', ' ， ', ' 触摸板 ',
' 不 ', ' 灵活 ', ' 。 ']
```

如果分词并未达到我们所需要的结果，可以进行手动调整：
将上方输出的结果复制到下方单元格中，用英文状态下的单引号
和逗号进行手动调整。比如"很大"和"略响"没有被分出来，我
们就可以手动调整。

```
words=[' 这台 ', ' 电脑 ', ' 的 ', ' 屏幕 ', ' 很 ',' 大 ', ' ， ',
      ' 电脑 ', ' 的 ', ' 容量 ', ' 足 ', ' ， ',
      ' 运行 ', ' 速度 ',' 也 ', ' 特别 ', ' 快 ', ' ！ ', ' ！ ',
      ' 就是 ', ' 有点 ', ' 重 ', ' 。 ',
      ' 用 ', ' 一段时间 ', ' 后 ', ' 会 ', ' 比较 ', ' 烫 ', ' ， ',
      ' 而且 ', ' 敲击 ', ' 键盘 ', ' 时 ', ' 声音 ', ' 略 ',' 响 ',
      ' ， ',
      ' 触摸板 ', ' 不 ', ' 灵活 ', ' 。 ']
```

然后，遍历分词后的文本列表，如果分隔的词在积极情感词

典里，将积极情感分值 +1，如果分隔的词在消极情感词典里，将消极情感分值 −1。

```
# 遍历文本列表
for word in words:
    # 如果分割的词在积极情感词典里，将积极情感分值 +1
    if word in posdict:
        poscount+=1

    # 如果分割的词在消极情感词典里，将消极情感分值 −1
    elif word in negdict:
        negcount-=1
```

最后，输出该评论的积极情感分值、消极情感分值和情感总分值。

```
# 输出该评论的积极情感分值，消极情感分值和情感总分值
print(" 该评论的积极情感分值是： ",poscount)
print(" 该评论的消极情感分值是： ",negcount)
print(" 该评论的情感总分值是： ",poscount+negcount)
```

输出结果如下所示。

```
该评论的积极情感分值是：    4
该评论的消极情感分值是：    −3
该评论的情感总分值是：    1
```

## 2.2.2  词典的扩充

请看下面两句话：

运行速度也快。

运行速度也特别快。

两句话中都有"快"，如果按照上面的规则，人工智能给出两句话均是1分的评判，因此，这两句话对人工智能来说情感是一样的。现实如此吗？幼儿园的小朋友们都应该能辨别出这两句话的不同。那么，问题出在哪里呢？

因为规则中没有包含程度词。什么是程度词？就是像"非常""特别""很""比较""有点""略"等这样的词语，程度词的主要作用是进一步地强调。当然，有时也会重复出现同一个程度词，比如"我非常非常喜欢这台电脑"。

如果没有程度词词典，人工智能是无法知道文本语义的，这就需要人们再去构建程度词词典，并赋予其程度词对应的权重。

中国语言，博大精深。单就程度副词来说，就要用不少时间考究。在一些语法书如《中国现代语法》（王力，商务印书馆，1985年）中，就将程度副词分为绝对程度副词和相对程度副词，而每一类又可细分为最高级与过量级、更高级和极量级、较高级与高量级、稍低级和低量级。这里不去深入考究人为指定的一个规则，即"我的 AI 我做主，什么都按我偏好来"，看似客观打分的人工智能，也要听令于人，因此对相关研发人员的伦理素养提出了较高的要求。

假如我们给出程度词及对应的分值：很、特别(3分)，比较(2分)，有点、略(0.5分)。通过这些赋值我们重新审视前文中的案例。分值从1分变为5分（$3 \times 1 + 1 + 3 \times 1 - 0.5 \times 1 - 2 \times 1 - 0.5 \times 1 + 1$）。

再看下面两句话：

*触摸板灵活。*

*触摸板不灵活。*

如果按照上面的规则，这两句的感情是一样的，但事实显然不是如此。问题出在哪里呢？这是因为人工智能此时忽略了否定词。

在文本中，还存在不少否定词。否定词将情感进行了转向。比如在"好"的前面加上否定词"不"，则就从含有褒义的"好"变为包含贬义的"不好"。假如将否定词赋值为"−1"，让其具有情感转向功能。

同样是这段评论，如果使用基于情感、程度词和否定词词典，又会表现出不同的分值：分值为 3 分（$3 \times 1 + 1 + 3 \times 1 - 0.5 \times 1 - 2 \times 1 - 0.5 \times 1 - 1$）。

从这些例子可以看出，规则的制订具有主观性，存在操控空间，因人而异。也就是说，尽管电脑评分是准确、客观的，但是仍有间接偏见产生的可能性，其根本原因终究还是来自于人。

文本中，远远不止上述的规则，比如说例句中的感叹号，其实也可以是一个辨识情感的标识；另外，转折词"但是"等不同词性的词也是可以让人工智能判断情感的标识。还有很多词语的构建规则，需要语言学专家和人工智能专家强强联手共建。

只要规则确定，那么人工智能就能发挥出巨大的实力。

使用基于情感词典、程度词词典、否定词词典的文本情感分类规则对上文的评论进行情感分析。梳理一下流程：

① 建立积极情感词典、消极情感词典、程度词词典及否定词词典，初始化积极情感分值和消极情感分值；

② 将这句评论进行分词处理；

③ 遍历分词结果，根据建立的情感词典，定位情感词。如果分隔的词在积极情感词典或消极情感词典里，先初始化积极情感值或消极情感值；若出现程度词，将对应情感分值 + 程度词权重 × 对应初始情感值；若出现否定词，将对应情感分值 − 对应初始情感值；

④ 输出积极情感分值、消极情感分值以及情感总分值。

## 2.3 基于情感词典的案例

① 建立积极情感词典、消极情感词典、程度词词典及否定词词典，并将两个情感的分值进行初始化。

```
# 建立积极情感词典、消极情感词典
posdict=['大','流畅','好','厉害','足','快','灵活','轻便']
negdict=['差','重','响','烂','烫','小','厚','热']

# 建立程度词词典以及否定词词典
mostdict=['特别','很','非常','极','最']
moredict=['比较','挺']
litdict=['一点点','有点','略']
nevdict=['不']

# 初始化积极情感分值、消极情感分值
poscount=0
negcount=0
```

② 调用 jieba 库，使用精确模式进行分词。jieba.cut 生成的是一个生成器（generator），jieba.lcut 直接生成的就是一个 list 列表，最后看一下分词后的列表。

```
# 引用 jieba 库自动分词
import jieba

# 使用精确模式进行分词，jieba.lcut 可以直接生成分词后的列表
words=jieba.lcut('这台电脑的屏幕很大，电脑的容量足，运行速度也特别快！！就是有点重。用一段时间后会比较烫，而且敲击键盘时声音略响，触摸板不灵活。')

# 显示分词后的列表
print(words)
```

执行代码后，输出结果如下所示。

```
['这台','电脑','的','屏幕','很大',',','电脑',
'的','容量','足',',','运行','速度','也','特别',
'快','！','！','就是','有点','重','。','用',
'一段时间','后','会','比较','烫',',','而且','
敲击','键盘','时','声音','略响',',','触摸板','不',
'灵活','。']
```

如果分词不准确，可以进行手动调整：将上方输出的结果复制到下方单元格中，用英文状态下的"和, 进行手动调整。比如"很大"和"略响"没有被分出来，我们就可以手动调整。

```
words=['这台','电脑','的','屏幕','很','大',',',
    '电脑','的','容量','足',',',
    '运行','速度','也','特别','快','！','！',
    '就是','有点','重','。',
    '用','一段时间','后','会','比较','烫',',',
    '而且','敲击','键盘','时','声音','略','响',
    ',',
    '触摸板','不','灵活','。']
```

③ 遍历分词后的文本列表。如果分割的词在积极情感词典里，先将积极情感值 pos 设为 1，然后判断这个词前面的词属于哪种程度词，将积极情感值乘以对应的权重，如果它前方的词是否定词，将 pos 乘以 -1 加入消极分值，然后将 pos 设为 0。最后将积极情感值 pos 加到积极情感分值里。

如果分割的词在消极情感词典里，先将消极情感值 neg 设为 -1，然后判断这个词前面的词属于哪种程度词，将消极情感值乘以对应的权重，如果它前方的词是否定词，将 neg 乘以 -1 加入积极分值，然后将 neg 设为 0。最后将消极情感值 neg 加到消极情感分值里。

```
#遍历文本列表
for i in range(0, len(words)):
    if words[i] in posdict:    #如果分割的词在积极情感词典里
        pos=1                  #先将积极情感值 pos 设为 1
        #判断这个词前面的词属于哪种程度词，将积极情感值乘以
对应的系数
        preword=words[i-1]
        if preword in mostdict:
            pos=pos*3
        elif preword in moredict:
            pos=pos*2
        elif preword in litdict:
            pos=pos*0.5
        #如果它前方的词是否定词，将 pos 乘以 −1 加入消极分值，
然后将 pos 设为 0
        elif preword in nevdict:
            negcount+=pos*-1
            pos=pos*0
        poscount+=pos        #将积极情感值加到积极情感分值里

    elif words[i] in negdict:  #如果分割的词在消极情感词典里
        neg=-1                 #先将消极情感值 neg 设为 −1
        #判断这个词前面的词属于哪种程度词，将消极情感值乘以
对应的系数
        preword=words[i-1]
        if preword in mostdict:
            neg=neg*3
        elif preword in moredict:
            neg=neg*2
```

```
    elif preword in litdict:
        neg=neg*0.5
    #如果它前方的词是否定词，将 neg 乘以 -1 加入积极分值，
然后将 neg 设为 0
    elif preword in nevdict:
        poscount+=neg*-1
        neg=neg*0
    negcount+=neg        #将消极情感值加到消极情感分值里
```

④ 输出该评论的积极情感分值、消极情感分值和情感总分值。

```
#输出该评论的积极情感分值、消极情感分值和情感总分值
print(" 该句子的积极分值是： ",poscount)
print(" 该句子的消极分值是： ",negcount)
print(" 该句子的情感总分值是： ",poscount+negcount)
```

**执行代码后，输出结果如下所示。**

```
该句子的积极分值是：   7
该句子的消极分值是：   -4.0
该句子的情感总分值是：   3.0
```

基于情感词典的方法可以准确反映文本的非结构化特征，易于分析和理解。在这种方法中，在情感词覆盖率和准确率高的情况下，情感分类效果比较准确。此外，这种基于词典和规则的模式，可以随时添加和删除词语与规则。

但这种方法仍然存在一定的缺陷：基于情感词典的情感分类方法主要依赖于情感词典的构建，但由于现阶段网络的快速发展，信息更新速度加快，出现了许多网络新词，对于许多类似于歇后语、成语或网络特殊用语等新词的识别并没有很好的效果，现有

的情感词典需要不断地扩充才能满足需要。情感词典中的同一情感词可能在不同时间、不同语言或不同领域中所表达的含义不同，因此基于情感词典的方法在跨领域和跨语言中的效果不是很理想。在使用情感词典进行情感分类时，往往考虑不到上下文之间的语义关系。

第 **3** 章

# 玩转文本大数据

3.1 数据的获取

3.2 数据的清洗与整理

3.3 词频与词云

3.4 词袋模型

# 3.1 数据的获取

"巧妇难为无米之炊"。在自然语言处理领域，如果想要进行文本数据分析和文本数据训练，收集文本数据是一个必经的过程。对于一些开放的文本数据，可以通过编写网络爬虫程序，进行有目标性的爬取。

## 3.1.1 网络爬虫

网络爬虫，又被称为网页蜘蛛、网络机器人，它是一种模拟浏览器发送网络请求，接收请求响应，可以按照一定的规则，自动地抓取互联网信息的程序。简单来说，爬虫就是通过模拟人打开浏览器的方式去打开网站，然后把网页的数据采集下来，所以爬虫其实不是高难度技术，就是通过代码技术解决人力效率问题。原则上，只要是浏览器（客户端）能做的事情，爬虫都能够做。

网络爬虫大致可以分为三个任务：

① 爬取网页数据；

② 解析网页数据；

③ 存储网页数据。

接下来通过一个简单的案例，来体验一下网络爬虫的流程。

## 3.1.2 简单爬虫案例

（1）爬取网页数据

当我们在电脑的浏览器上使用百度搜索某个东西的时候，就相当于向百度的服务器发送了一个 Request 请求，Request 包含了很多的信息，比如身份信息、请求信息等，服务器接收请求之后做判断，然后返回一个 Response 给我们的电脑，这其中也包含了很多信息，比如请求成功与否，以及请求的信息结果（文字、图片和视频等）。

Requests 库是 Python 中一个可以帮助我们进行网络爬虫的第三方库，它的作用就是请求网站，获取网页数据。通过一段简单的网络爬虫代码，观察一下运行过程以及运行结果。

代码如下：

```
# 调用 Request 库
import requests

# 输入网页链接
url = 'https://www.baidu.com'

# 发送请求，获取网页数据
html = requests.get(url)

# 修改编码方式
html.encoding=('utf-8')

# 显示网页数据响应状态，显示获取到的数据
print(html)
print(html.text)
```

执行代码后，输出结果如下所示。

```
<Response [200]>
<!DOCTYPE html>
<!--STATUS OK--><html><head><meta http-equiv=content-
type content=text/html;charset=utf-8><meta http-equiv=X-
UA-Compatible content=IE=Edge><meta content=always
name=referrer><link rel=stylesheet type=text/css
href=https://ss1.bdstatic.com/5eN1bjq8AAUYm2zgoY3K/r/www
```

/cache/bdorz/baidu.min.css><title>百度一下，你就知道</title></head><body link=#0000cc> <img hidefocus=true src=//www.baidu.com/img/bd_logo1.png width=270 height=129> <form id=form name=f action=//www.baidu.com/s class=fm><input type=hidden name=bdorz_come value=1><input type=hidden name=ie value=utf-8><input type=hidden name=f value=8><input type=hidden name=rsv_bp value=1><input type=hidden name=rsv_idx value=1><input type=hidden name=tn value=baidu><input id=kw name=wd class=s_ipt value maxlength=255 autocomplete=off autofocus=autofocus><input type=submit id=su value=百度一下 class="bg s_btn" autofocus></form> <a href=http://news.baidu.com name=tj_trnews class=mnav>新闻</a><a href=https://www.hao123.com name=tj_trhao123 class=mnav>hao123</a><a href=http://map.baidu.com name=tj_trmap class=mnav>地图</a><a href=http://v.baidu.com name=tj_trvideo class=mnav>视频</a><a href=http://tieba.baidu.com name=tj_trtieba class=mnav>贴吧</a><noscript><a href=http://www.baidu.com/bdorz/login.gif?login&tpl=mn&u=http%3A%2F%2Fwww.baidu.com%2f%3fbdorz_come%3d1 name=tj_login class=lb>登录</a></noscript><script>document.write('<a href="http://www.baidu.com/bdorz/login.gif?login&tpl=mn&u='+ encodeURIComponent(window.location.href+ (window.location.search === "" ? "?" : "&")+ "bdorz_come=1")+ '" name="tj_login" class="lb">登录</a>');
</script><a href=//www.baidu.com/more/ name=tj_briicon

```
class=bri style="display:  block;">更多产品 </a></div></
div></div><div id=ftCon><div id=ftConw><p id=lh><a
href=http: //home.baidu.com>关于百度 </a><a href=http:
//ir.baidu.com>About Baidu</a></p><p id=cp>&copy;2017&
nbsp;Baidu <a href=http: //www.baidu.com/duty/>使
用百度前必读 </a>   <a href=http: //jianyi.baidu.com/
class=cp-feedback>意见反馈 </a> 京 ICP 证 030173 号
   <img src=//www.baidu.com/img/gs.gif></p></div></
div></div></body></html>]
```

（2）解析网页数据

爬取到的数据包含了一些 html 代码，需要解析爬取到的数据，得到想要的内容。Beautiful Soup 库是 Python 中一个可以帮助我们进行网页解析的第三方库，它提供了一些简单的 Python 式的函数来处理导航、搜索、修改分析树等，它是一个工具箱，通过解析文档为用户提供需要抓取的数据。通过观察，发现多条包含文本的语句比较相似：

```
<a href=http: //news.baidu.com name=tj_trnews
class=mnav>新闻 </a>
<a href=https: //www.hao123.com name=tj_trhao123
class=mnav>hao123</a>
<a href=http: //map.baidu.com name=tj_trmap class=mnav>
地图 </a>
<a href=http: //v.baidu.com name=tj_trvideo class=mnav>
视频 </a>
<a href=http: //tieba.baidu.com name=tj_trtieba
class=mnav>贴吧 </a>
```

通过一段简单的网页解析代码，试着将上述语句从代码中解析出来，并观察一下运行过程以及运行结果。

```
# 调用 bs4 库
from bs4 import BeautifulSoup

# 使用爬取的网页数据
data=html.text

# 创造一个 BeautifulSoup 对象，使用 lxml 解析器
soup = BeautifulSoup(data,'lxml')

# 寻找 class 为 mnav 的数据
html_text=soup.find_all('a', attrs={'class':'mnav'})

# 展示 class 为 mnav 的数据
print(html_text)
```

执行代码后，输出结果如下所示。

```
 [<a class="mnav" href="http: //news.baidu.com"
name="tj_trnews"> 新闻 </a>,
<a class="mnav" href="https: //www.hao123.com"
name="tj_trhao123">hao123</a>,
<a class="mnav" href="http: //map.baidu.com" name="tj_
trmap"> 地图 </a>,
<a class="mnav" href="http: //v.baidu.com" name="tj_
trvideo"> 视频 </a>,
<a class="mnav" href="http: //tieba.baidu.com"
name="tj_trtieba"> 贴吧 </a>]
```

（3）存储网页数据

最后可以使用文件存储的方式，将获取的数据的文本放到一个自己命名的 txt 文档里。通过一段简单的存储网页数据的代码，观察一下运行过程以及运行结果。

代码如下：

```
#将获取的数据放到一个自己命名的 txt 文档里
#无需外部新建，自动创建
fw=open('baidu.txt','w')

#遍历寻找到的数据，获取其中的文本，存入文档
for text in html_text:
    text = text.get_text()      #获取其中的文本
fw.write(text)
fw.write('\n')
fw.close()
```

执行代码后，输出的文本内容如下所示。

```
新闻
hao123
地图
视频
贴吧
```

通过一段简单的网络爬虫代码，体验了一下获取文本数据的过程，因为只是爬取了一个简单的网站首页，所以看起来非常的简单，但是实际的爬虫能够在很短的时间内，爬取到海量的数据，有的时候可能需要输入一些身份信息，这里就不过多介绍了。

# 3.2 数据的清洗与整理

人类语言包含很多功能词，比如"这""的""了"等。与其他词相比，功能词极其普遍，但又没有什么实际意义。在文本数据的分析中，这些功能词基本没有什么帮助，所以在进行正式的文

本数据分析之前，要对这些功能词进行清洗和整理。

这些功能词还有另一个名称：停用词（Stop Words）。之所以称它们为停用词是因为在文本处理过程中如果遇到它们，则立即停止处理，将其扔掉。

停用词是指在信息检索中，为了节省存储空间和提高搜索效率，自动过滤掉的某些字或词。停用词主要包括英文字符、数字、数学字符、标点符号及使用频率特别高的单汉字等。

## 3.2.1 去除停用词

去除停用词的思想，就是在原始的文本中，去掉不需要的词、字符。虽然有通用的停用词表，但是如果想提高后续的分词效果，还是自己建立停用词表比较好。建立停用词表，实际上就是在文本文件中，输入想要删除的词，每个词用空格隔开即可，可以换行。

本节中，使用了一个包含 1893 个停用词的停用词表，来对文本数据进行清理。停用词表内包含了不需要的符号，以及一些没有具体意义的词。将停用词表存储在 ting.txt 文件中。

文本数据选择的是《出师表》的译文❶：

先帝创办基业还不到一半，就中途去世了。现在，天下已分成魏、蜀、吴三国，我们蜀汉贫困衰弱，这实在是形势危急决定存亡的关键时刻啊。然而，侍卫大臣们在宫廷内毫不懈怠，忠诚有志的将士在边疆奋不顾身的原因，都是为追念先帝在世时对他们的特殊待遇，想在陛下身上报答啊。陛下应该扩大圣明的听闻，发扬光大先帝留下的美德，弘扬志士们的气概；不应该随随便便地看轻自己，言谈中称引譬喻不合大义（说话不恰当），以致堵塞

---

❶ 译文来自于网络。

忠臣进谏劝告的道路。

皇宫中和朝廷中都是一个整体，奖惩功过好坏不应因在皇宫中或朝廷中而有所不同。如果有做奸邪之事，犯科条法令以及尽忠做好事的人，应交给主管的官吏，由他们评定应得的处罚或奖赏，用来表明陛下公正严明的治理方针。不应偏袒徇私，使得宫内和宫外有不同的法则。

侍中郭攸之、费祎，侍郎董允等，他们都是善良诚实的人，他们的志向和心思忠诚无二，因此先帝把他们选拔出来留给陛下使用。我认为宫中的事情，无论大小，陛下都应征询他们，然后再去实施，这样一定能弥补缺点和疏漏的地方，获得更好的效果。

向宠将军，性情品德善良平正，精通军事，从前经过试用，先帝称赞他有才能，因此大家商议推举他做中部督。我认为军营中的事务，都应与他商量，这样一定能使军队团结协作，好的坏的各得其所。

亲近贤臣，疏远小人，这是前汉兴隆昌盛的原因；亲近小人，疏远贤臣，这是后汉所以倾覆衰败的原因。先帝在世时，每次与我谈论这些事，没有一次不对桓、灵二帝感到惋惜痛心遗憾的。侍中、尚书、长史、参军，这些都是忠贞贤良能够以死报国的忠臣，希望陛下亲近他们、信任他们，那么汉室的兴隆就指日可待了。

我本来是一介平民，在南阳亲自种田，只求能在乱世中苟且偷生，不谋求在诸侯前扬名做官。先帝不认为我身世卑微、见识短浅，降低自己的身份，亲自三次到草庐里来看望我，向我征询对当今天下大事的意见，我因此十分感动激动，于是答应先帝愿为他奔走效劳。后来遇到失败，我在战败的时候接到委任，在危难的时候接受使命，从那时到现在已经二十一年了。

先帝（刘备）知道我做事谨慎，因此在临终前把国家大事托付给我（诸葛亮）。自从接受遗命以来，我日夜忧虑叹息，唯恐先帝之所托不能实现，以至有损先帝的知人之明。所以我在五月渡过泸水，深入到不长草的地方（作战）。现在南方已经平定，武器装备已经准备充足，应当鼓舞并率领三军，向北方平定中原。希望全部贡献出自己平庸的才能，铲除奸邪凶恶的曹魏，复兴汉室，回到原来的都城洛阳。这是我用来报答先帝并忠于陛下的职责本分。至于处理事务，斟酌情理，有所兴革，毫无保留地进献忠诚的建议，那是郭攸之、费祎、董允等人的责任了。希望陛下把讨伐奸贼、复兴汉室的任务交给我，如果没有完成，就请治我的罪，来告慰先帝在天之灵。如果没有劝勉陛下宣扬圣德的忠言，就责罚郭攸之、费祎、董允等人的怠慢，来揭露他们的过失；陛下自己也应该认真考虑国家大事，征询治理国家的好办法，听取正确的意见，深切追念先帝遗留下的诏令。（如果能够这样，）我就受恩感激不尽了。

现在我就要辞别陛下远行了，面对奏表热泪纵横，不知说了些什么。

接下来对文本数据进行清洗与整理，比较长的文章不适合直接在程序中进行处理，我们可以将《出师表》的译文存放到 csb.txt 中，然后通过读取文本文件的方式，对文本数据进行处理。

（1）文本分词

先读取 csb.txt 文本文件，然后调用 jieba 库对《出师表》译文文本进行分词，并将分词结果存放在 seg_1 列表中。

```python
# 调用 jieba 库对每句话进行分词
import jieba

# 以字节（二进制）方式读取文件中的数据
content = open("csb.txt",'rb')

# 调用 jieba 库对每行句子进行分词，并存入列表
```

```
seg_1=[jieba.lcut(con) for con in content]
```

执行代码后，输出结果如下所示。

```
Building prefix dict from the default dictionary …
Loading model from cache/var/folders/24/
sn4bjb5j3l38q162p8h07rsc0000gn/T/jieba.cache
Loading model cost 1.007 seconds.
Prefix dict has been built successfully.
```

观察第一段话分词后的效果。

```
['先帝','创办','基业','还','不到','一半',',','就','
中途','去世','了','。','现在',
',','天下','已','分成','魏','、','蜀','、','吴三
国',',','我们','蜀汉','贫困','衰弱',',','这','实
在','是','形势','危急','决定','存亡','的','关键时刻',
'啊','。','然而',',','侍卫','大臣','们','在','宫廷',
'内','毫不','懈怠','忠诚','有志','的','将士','在',
'边疆','奋不顾身','的','原因',',','都','是','为','追念',
'先帝','在世','时','对','他们','的','特殊','待遇',',',
'想','在','陛下','身上','报答','啊','。',
'陛下','应该','扩大','圣明','的','听闻',',','发扬光
大','先帝','留下','的','美德',',','弘扬','志士','们',
'的','气概','；','不','应该','随随便便','地','看轻',
'自己',',','言谈','中','称引','譬喻','不合','大义',
'（','说话','不','恰当',')',',','以致','堵塞','忠臣',
'进谏','劝告','的','道路','。','\n']
```

可以看到，分词后的列表中有大量的标点符号，以及"了""啊"等没有意义的词，接下来将去除这些停用词。

（2）去除停用词

首先遍历停用词文件的每一行，删除字符串头和尾的空白字符（包括 \n、\r、\t 等），加到停用词集合里。接下来遍历刚才分

好的文本列表的每一行，再遍历每一行的每一个词，如果这个词不在停用词集合中，那么就将这个词放到新的行列表中，最后将所有行列表存入文本列表。

```
# 建立空集合
punctuation = set()

#遍历停用词文件的每一行，删除字符串头和尾的空白字符（包括 \n、\r、\t 等），加到列表里
stopwords = [line.strip() for line in open('ting.txt','r').readlines()]

#集合更新，将要传入的元素拆分，作为个体传入到集合中
punctuation.update(stopwords)

# 过滤停用词
mytext=[]

#遍历分词列表的每一行
for sentence in seg_1:
words=[]

    #遍历每一行的每一个词
    for word in sentence:

        #如果这个词不在列表中
        if word not in punctuation:
            #将这个词放到新的文本列表中
            words.append(word)

    #将所有的文本列表存入列表
    mytext.append(words)
```

观察第一段话去除停用词后的效果，并与之前的分词结果进

行对比，可以看到，刚才提到的停用词已经被去除了。

> [['先帝','创办','基业','不到','一半','中途','去世','天下','分成','魏','蜀','吴三国','蜀汉','贫困','衰弱','实在','形势','危急','存亡','关键时刻','侍卫','大臣','宫廷','懈怠','忠诚','有志','将士','边疆','奋不顾身','原因','追念','先帝','在世','时','待遇','想','陛下','身上','报答','陛下','圣明','听闻','发扬光大','先帝','留下','美德','弘扬','志士','气概','随随便便','看轻','言谈','中','称引','不合','大义','说话','恰当','堵塞','忠臣','进谏','劝告','道路','\n']]

为了方便进行文本数据分析，还可以使用文件处理和函数等方式，将原来的 csb.txt 文本文件去停用词后，转化为新的 csb_stop.txt 文本文件，这样以后就可以使用去停用词后的新文本进行文本数据分析了。

```
# 调用 jieba 库，对每句话进行分词
import jieba

# 创建停用词 list 函数
def stopwordslist(filepath):
    #遍历停用词文档的每一行，删除字符串头和尾的空白字符，加
入停用词列表中
    stopwords = [line.strip() for line in open(filepath,
'r',encoding='utf-8').readlines()]
    return stopwords

# 建立对句子进行分词并去除停用词的函数
def seg_sentence(sentence):
    #删除字符串头和尾的空白字符进行分词
    sentence_seged = jieba.cut(sentence.strip())
    # 调用停用词 list 函数建立停用词词典
    stopwords = stopwordslist('ting.txt')    #加载停用词的
路径
```

```
        outstr = ''      #建立空字符串

        # 遍历这句话的每一个词
        for word in sentence_seged:
            #如果这个词不在停用词词典中，也不是空白字符，将它存
入字符串中
            if word not in stopwords:
                if word != '\t':
                    outstr += word
                    outstr += "|"        # 词与词之间加入 "|"
        return outstr
#加载要处理的文件的路径
inputs = open('csb.txt', 'r',encoding='utf-8')
#加载处理后的文件路径
outputs = open('csb_stop.txt', 'w',encoding='utf-8')

#遍历初始文档的每一行，删除字符串头和尾的空白字符进行分词
for line in inputs:
    line_seg = seg_sentence(line)  # 这里的返回值是字符串
    outputs.write(line_seg)        # 写入去除停用词后的字符串
outputs.close()
inputs.close()
```

观察去停用词后的文本，以后可以使用这个新的文本，更方

便地进行文本数据分析。

先帝 | 创办 | 基业 | 不到 | 一半 | 中途 | 去世 | 天下 | 分成 | 魏
| 蜀 | 吴三国 | 蜀汉 | 贫困 | 衰弱 | 实在 | 形势 | 危急 | 存亡 | 关键
时刻 | 侍卫 | 大臣 | 宫廷 | 懈怠 | 忠诚 | 有志 | 将士 | 边疆 | 奋不顾
身 | 原因 | 追念 | 先帝 | 在世 | 时 | 待遇 | 想 | 陛下 | 身上 | 报答 |
陛下 | 圣明 | 听闻 | 发扬光大 | 先帝 | 留下 | 美德 | 弘扬 | 志士 | 气
概 | 随随便便 | 看轻 | 言谈 | 中 | 称引 | 不合 | 大义 | 说话 | 恰当 |

堵塞 | 忠臣 | 进谏 | 劝告 | 道路 | 皇宫 | 中 | 朝廷 | 中 | 整体 | 奖惩 | 功过 | 好坏 | 不应 | 皇宫 | 中 | 朝廷 | 中 | 有所不同 | 做 | 奸邪 | 事 | 犯科 | 条 | 法令 | 尽忠 | 做好事 | 应 | 交给 | 主管 | 官吏 | 评定 | 应得 | 处罚 | 奖赏 | 陛下 | 公正 | 严明 | 治理 | 方针 | 应 | 偏袒 | 徇私 | 宫内 | 宫外 | 法则 | 侍中 | 郭攸之 | 费祎 | 侍郎 | 董允 | 善良 | 诚实 | 志向 | 心思 | 忠诚 | 无二 | 先帝 | 选拔 | 留给 | 陛下 | 宫中 | 事情 | 大小 | 陛下 | 应 | 征询 | 实施 | 弥补 | 缺点 | 疏漏 | 地方 | 更好 | 效果 | 宠 | 将军 | 性情 | 品德 | 善良 | 平正 | 精通 | 军事 | 从前 | 试用 | 先帝 | 称赞 | 商议 | 推举 | 做 | 中部 | 督 | 军营 | 中 | 事务 | 应 | 商量 | 军队 | 团结 | 协作 | 坏 | 各得其所 | 亲近 | 贤臣 | 疏远 | 小人 | 这是 | 前汉 | 兴隆 | 昌盛 | 原因 | 亲近 | 小人 | 疏远 | 贤臣 | 这是 | 后汉 | 倾覆 | 衰败 | 原因 | 先帝 | 在世 | 时 | 每次 | 谈论 | 事 | 桓 | 灵 | 二帝 | 感到 | 惋惜 | 痛心 | 遗憾 | 侍中 | 尚书 | 长史 | 参军 | 忠贞 | 贤良 | 以死 | 报国 | 忠臣 | 希望 | 陛下 | 亲近 | 信任 | 汉室 | 兴隆 | 指日可待 | 本来 | 一介 | 平民 | 南阳 | 种田 | 只求 | 乱世 | 中 | 苟且偷生 | 谋求 | 诸侯 | 前 | 扬名 | 做官 | 先帝 | 身世 | 卑微 | 见识 | 短浅 | 降低 | 身份 | 三次 | 草庐 | 里 | 看望 | 征询 | 当今 | 天下大事 | 意见 | 感动 | 激动 | 答应 | 先帝 | 愿为 | 奔走 | 效劳 | 失败 | 战败 | 接到 | 委任 | 危难 | 接受 | 使命 | 二十一年 | 先帝 | 刘备 | 做事 | 谨慎 | 临终前 | 国家 | 托付给 | 诸葛亮 | 接受 | 遗命 | 日夜 | 忧虑 | 叹息 | 唯恐 | 先帝 | 之所托 | 有损 | 先帝 | 知人之明 | 五月 | 渡过 | 泸水 | 不长 | 草 | 地方 | 作战 | 南方 | 平定 | 武器装备 | 充足 | 鼓舞 | 率领 | 三军 | 北方 | 平定 | 中原 | 希望 | 贡献 | 平庸 | 铲除 | 奸邪 | 凶恶 | 曹魏 | 复兴 | 汉室 | 回到 | 都城 | 洛阳 | 报答 | 先帝 | 忠于 | 陛下 | 职责 | 本分 | 处理事务 | 斟酌 | 情理 | 兴革 | 毫无保留 | 进献 | 忠诚 | 建议 | 郭攸之 | 费祎 | 董允 | 责任 | 希望 | 陛下 | 讨伐 | 奸贼 | 复兴 | 汉室 | 交给 | 请治 | 罪 | 告慰 | 先帝 | 在天之灵 | 劝勉 | 陛下 | 宣扬 | 圣德 | 忠言 | 责罚 | 郭攸之 | 费祎 | 董允 | 怠慢 | 揭露 | 过失 | 陛下 | 国家 | 征询 | 治理 | 国家 | 办法 | 听取 | 正确 | 意见 | 深切 | 追念 | 先帝 | 遗留 | 下 | 诏令 | 受恩 | 感激不尽 | 辞别 | 陛下 | 远行 | 面对 | 奏表 | 热泪 | 纵横 | 不知 | 说 |

## 3.2.2　词性标注

词的数量是无穷的，但词性的数量是有限的，在语言学上，词性指的是单词的语法分类，也称为词类。常见词性有形容词、动词、名词等。词性可以直接用于抽取一些信息，比如抽取所有描述人物的形容词等，对进行文本数据的分析很有帮助。使用 jieba 库自带的 posseg 函数对去停用词后的《出师表》译文进行词性标注。

```
# 调用 jieba 库，对每句话进行分词
import jieba
import jieba.posseg as posseg      #posseg 标注词性

# 输入需要分词和进行词性标注的文档
filename = "csb_stop.txt"

# 打开并读取文档
with open(filename,encoding='utf-8') as f: mytext =
f.read()

# 字符串切片转化为列表
mytext=mytext.split('|')

# 遍历列表每一行
for line in mytext:
    seg_str = line
    #posseg 标注词性 ,w 和 tag
    seg_lig = jieba.posseg.cut(seg_str)
    # 输出标注好的词性
    print (" ".join(["%s /%s" % (w,tag) for w,tag in seg_lig]))
```

执行代码后，观察第一段话进行词性标注后的效果。

先帝 /n 创办 /v 基业 /n 不到 /v 一半 /m 中途 /b 去世 /t 天下 /s 分成 /v 魏 /nr 蜀 /j 吴三国 /nr 蜀汉 /ns 贫困 /a 衰弱 /a 实在 /v 形势 /n 危急 /a 存亡 /v 关键时刻 /n 侍卫 /nr 大臣 /n 宫廷 /n 懈怠 /a 忠诚 /a 有志 /n 将士 /n 边疆 /s 奋不顾身 /i 原因 /n 追念 /v 先帝 /n 在世 /nrt 时 /n 待遇 /n 想 /v 陛下 /n 身上 /s 报答 /v 陛下 /n 圣明 /ns 听闻 /n 发扬光大 /i 先帝 /n 留下 /v 美德 /ns 弘扬 /nr 志士 /n 气概 /n 随随便便 /z 看轻 /v 言谈 /v 中 /f 称引 /v 不合 /v 大义 /n 说话 /v 恰当 /d 堵塞 /v 忠臣 /n 进谏 /v 劝告 /v 道路 /n

对于分词后代码所代表的含义，可以进一步查阅相关资料，如表 3-1 所示《PFR 人民日报标注语料库》的词性编码表等。

表 3-1 《PFR 人民日报标注语料库》的词性编码表

| 代码 | 名称 | 代码 | 名称 | 代码 | 名称 | 代码 | 名称 |
|------|------|------|------|------|------|------|------|
| a | 形容词 | e | 叹词 | m | 数词 | vd | 副动词 |
| ad | 副形词 | f | 方位词 | n | 名词 | vg | 动语素 |
| ag | 形语素 | g | 语素 | ng | 名语素 | vn | 名动词 |
| an | 名形词 | h | 前接成分 | nr | 人名 | w | 标点符号 |
| b | 区别词 | i | 成语 | ul | 时态助词 了 | x | 非语素字 |
| c | 连词 | j | 简称略语 | uv | 结构助词 地 | y | 语气词 |
| d | 副词 | k | 后接成分 | uz | 时态助词 着 | z | 状态词 |
| dg | 副语素 | l | 习用语 | v | 动词 | | |

# 3.3 词频与词云

## 3.3.1 词频统计

有时看到一篇文章后，会想要知道这篇文章的关键内容。我们会统计文字中多次出现的词语，来寻找文章中的关键词，因为多次出现的词语可能就是关键内容。在文本数据处理中，这就是词频统计问题。词频统计可以分为以下几步：从文件读取一段文本；把每个词语及其出现次数当作一个键值对进行处理；输出一定数量的词及其出场频率。

调用统计数量的 Counter 库和用来分词的 jieba 库，将分词后的列表转换为可用于计数的对象，该对象是一个无序的容器。元素被作为字典的 key 存储，它们的计数作为字典的 value 存储。

通过代码，对去停用词后的《出师表》译文进行词频统计。观察出现次数最多的十个词中，两个字以上的词语都有哪些？它们出现的次数分别是多少？

```python
# 调用统计数量的库和 jieba 库
from collections import Counter
import jieba

# 输入需要进行词频统计的文档名称
filename = "csb_stop.txt"
# 打开并读取文档
with open(filename,encoding= 'utf-8') as f: mytext =
f.read()

# 对整篇文档进行分词并存入列表
mytext = jieba.lcut(mytext)

# 将分词后的列表转换为可用于计数的对象，是一个无序的容器
# 元素被作为字典的 key 存储，它们的计数作为字典的 value 存储
c = Counter(mytext)

# 遍历频度最高的 10 个元素
for k, v in c.most_common(10):
    # 统计两个字以上的短语
```

```
if len(k) >= 2:
    print(k,v)
```

执行代码后，输出结果如下所示。

```
先帝 14
陛下 11
忠诚 3
原因 3
郭攸之 3
费祎 3
董允 3
```

可以看到，出现次数最多的十个词中，两个字及两个字以上的词有七个，这些词表明了本文的一个关键内容：诸葛亮缅怀先帝刘备，并给当今陛下刘禅提一些建议，推荐一些忠诚的臣子，比如郭攸之、费祎等。

## 3.3.2　关键词统计

除了直接根据词语出现频率来判断关键词的方法之外，还有其他的计算方法能够帮助我们去统计出一篇文档的关键词。比如TF-IDF 算法和 textrank 算法。

TF-IDF 算法是自然语言处理领域中一种常用的统计方法，用于评估一个词语对于一篇文档或一个语料库中的一篇文档的重要程度，通常用于提取文本的特征，即关键词。词语的重要性与它在文档中出现的次数成正比，但同时与它在语料库中出现的频率成反比。

textrank 算法是一种基于图的，用于关键词抽取和文档摘要的排序算法，由谷歌的网页重要性排序算法 pagerank 改进而来，它利用一篇文档内部的词语间的共现信息（语义）便可以抽取关键词，它能够从一个给定的文本中抽取出该文本的关键词。

调用 jieba 库，使用 jieba.analyse 函数进行关键词提取。先使用 TF-IDF 选取没有去除停用词的原文档的前三个主题。

```
# 调用 jieba 库，使用 jieba.analyse 进行关键词提取
import jieba
import jieba.analyse as analyse

# 输入需要进行关键词提取的文档名称，文本字数越多越好
filename = "csb.txt"
# 打开并读取文档内容
with open(filename,encoding = 'utf-8') as f: mytext = f.read()

# 使用 jieba 进行分词，将分好的词存入字符串中
mytext = ' '.join(jieba.cut(mytext))

# TF-IDF 选取前三个主题
print(" ".join(jieba.analyse.extract_tags(mytext,
topK=3, withWeight = False)))
```

执行代码后，输出结果如下所示。

先帝　陛下　郭攸之

接下来，使用 textrank 算法，选取没有去除停用词的原文档的前三个主题。

```
# 调用 jieba 库，使用 jieba.analyse 进行关键词提取
import jieba
import jieba.analyse as analyse

# 输入需要进行关键词提取的文档名称，文本字数越多越好
```

```
filename = "csb.txt"

# 打开并读取文档内容
with open(filename,encoding = 'utf-8') as f: mytext =
f.read()

# 使用 jieba 进行分词，将分好的词存入字符串中
mytext = ' '.join(jieba.cut(mytext))

# textrank 选取前三个主题
print(" ".join(jieba.analyse.textrank(mytext, topK=3,
withWeight = False)))
```

执行代码后，输出结果如下所示。

先帝　　陛下　　时候

可以发现，两种提取关键词的模式都能将比较重要的关键词提取出来，但是还是有一定的差别。

## 3.3.3　词云

在网络上，经常可以看到一张图片，上面只有一堆大小不一的文字，有些通过文字生成一个人物的轮廓。像这样的图像，我们称之为词云。

词云，又称文字云、标签云，是对文本数据中出现频率较高的"关键词"在视觉上的突出呈现，对关键词进行渲染，形成类似云一样的彩色图片，从而过滤掉大量的文本信息，使浏览者只要一眼扫过图片就可以领略文本主要表达的意思。常见于博客、微博、文章分析等。

制作词云的主要步骤是：文本预处理、词频统计和将高频词

以图片形式进行彩色渲染。词云生成时除了需要调用 matplotlib 库进行词云的绘制，以及 jieba 库的分词和关键词的抽取外，还需要用到词云生成器 wordcloud，对该生成器只要进行相关的配置就能生成相应的词云。

接下来对去停用词后的《出师表》译文进行词云图的绘制，以及词云图的保存。注意此时需要根据不同的环境设置相应的字体，否则会报错。比如下面的代码中就选择了 Songti.ttc 作为输出的字体。

```
# 调用词云库，plt 库用来显示，jieba 库用来分词
from wordcloud import WordCloud
import matplotlib.pyplot as plt
import jieba

# 输入需要进行词云化的文档名称
filename = "csb_stop.txt"

# 打开并读取文档内容
with open(filename,encoding= 'utf-8') as f: mytext =
f.read()

# 使用 jieba 进行分词，将分好的词存入字符串中
mytext = " ".join(jieba.cut(mytext))

# 根据文本字符串生成词云
wordcloud=WordCloud(font_path="Songti.ttc", # 设置输出词云的字体
width=400, height= 200,     # 设置词云图的宽度、高度分别为
400、200
scale=32,     # 设置词云图的清晰度
background_color='white',     # 设置词云图的背景颜色
#stopwords='',
).generate(mytext)

#plt.imshow() 函数负责对图像进行处理，并显示其格式，但是不能
```

```
显示，其后跟着 plt.show() 才能显示出来
# plt.imshow() 的两个参数，一个是图像，一个是不同图像之间的
插值方式
plt.imshow(wordcloud, interpolation= 'bilinear') # 双线性
插值
plt.axis("off")      #设置显示的词云图中无坐标轴
plt.show()
wordcloud.to_file(" 出师表词云 .png")
```

执行代码后，输出结果如图 3-1 所示。

图 3-1　《出师表》译文词云输出结果

接下来对去停用词后的《出师表》译文，进行带形状词云图的绘制，以及带形状词云图的保存。形状如图 3-2 所示。

图3-2　词云图形状

代码如下：

```
# 调用词云库，plt 库用来显示，jieba 库用来分词
from wordcloud import WordCloud, STOPWORDS,
ImageColorGenerator
import matplotlib.pyplot as plt
import jieba

# 输入需要进行词云化的文档名称
filename = "csb_stop.txt"

# 打开并读取文档内容
with open(filename,encoding= 'utf-8') as f: mytext_wcl =
f.read()

# 使用 jieba 进行分词，将分好的词存入字符串中
mytext_wcl = " ".join(jieba.cut(mytext_wcl))

photo_coloring = plt.imread('dog_cloud.jpg') # 设置输出
词云的背景图片
wordcloud=WordCloud(font_path="Songti.ttc",   # 设置输出
词云的字体
width=400, height= 200,     # 设置词云图的宽度、高度分别为
400、200
mask=photo_coloring,     # 设置词云形状
scale=32,     # 设置词云图的清晰度
background_color='white',     # 设置词云图的背景颜色
#stopwords='',
).generate(mytext_wcl)

#plt.imshow() 函数负责对图像进行处理，并显示其格式，但是不能
显示，其后跟着 plt.show() 才能显示出来。
# plt.imshow() 的两个参数一个是图像，一个是不同图像之间的插
值方式
```

```
plt.imshow(wordcloud, interpolation= 'bilinear') # 双线
性插值
plt.axis("off")        # 设置显示的词云图中无坐标轴
plt.show()
wordcloud.to_file("出师表词云（带形状）.png")
```

执行代码后，一张以狗为轮廓的照片会存至电脑默认目录下，
图片如图 3-3 所示。

图 3-3　带形状的词云图输出结果

# 3.4　词袋模型

## 3.4.1　词袋模型概念

在对文本进行建模的时候存在一个问题，就是"混乱"，因为
像机器学习算法通常更喜欢固定长度的输入、输出，但是文本是
不定长的。机器学习算法不能直接处理纯文本，要使用文本的话，
就必须把它转换成数值，尤其是数值向量。这个就叫作特征提取
或者特征编码。而文本数据的特征提取，其中一种简单且流行的
方法就是词袋模型。

1954 年，泽里格·哈里斯（Zellig Harris）首次在其文章《分布式结构》（*Distributional Structure*❶）提出"词袋"一词。词袋模型（Bag of Word）是一种简化的自然语言处理和信息检索模型。正如词袋其名，在词袋模型下，就如同将所有词语打散放入到一个袋子中，因此这种做法就无法顾及语义以及语序的问题，每个词彼此之间都是独立的。

词袋模型是信息检索领域常用的文档表示方法。词袋模型可以很简单，也可以很复杂。这主要取决于如何设计由已知单词构成的词典以及如何对已知单词的出现进行评分。

假如下面三个简单句子各自构成文本：

- 你们喜欢咖啡吗？

- 我不是很喜欢咖啡。

- 咖啡太苦，我不喜欢咖啡。

基于上述三个文本中出现的词语，可以构建如下的词袋：

[我 你们 不 是 喜欢 咖啡 很 太 苦 吗]

上面词典中包含 10 个词，每个词都有唯一的索引。因此对于"我"这个词，可以用向量 [1, 0, 0, 0, 0, 0, 0, 0, 0, 0] 表示。同理，对于"咖啡"这个词，可以用向量 [0, 0, 0, 0, 0, 1, 0, 0, 0, 0] 表示。也就是某个词在词典中对应的位置是 1，其他位置的元素均为 0。这样的表示方式称为独热编码（One-Hot Encoding）。

基于词袋模型，我们可以使用一个 10 维向量表示上面的三个文本。

[0, 1, 0, 0, 1, 1, 0, 0, 0, 1]
[1, 0, 1, 1, 1, 1, 1, 0, 0, 0]
[1, 0, 1, 0, 1, 2, 0, 1, 1, 0]

❶ Harris Z. Distributional Structure. Word, 1954, 10 (2/3): 146–162.

## 3.4.2　简单词袋模型案例

下面用一个例子来具体地解释词袋模型。

- 机器学习带动人工智能飞速地发展。
- 深度学习带动人工智能飞速地发展。
- 机器学习和深度学习带动人工智能飞速地发展。

将上面三句话作为语料，分别表示成一个定长的向量。

（1）文本分词

调用 jieba 库，使用精确模式对每行句子进行分词，并存入列表。

```
# 调用 jieba 库进行分词
import jieba

# 初始文本
content = [
    " 机器学习带动人工智能飞速地发展。",
    " 深度学习带动人工智能飞速地发展。",
    " 机器学习和深度学习带动人工智能飞速地发展。"
]
# 调用 jieba 库，使用精确模式对每行句子进行分词，并存入列表
seg_1=[jieba.lcut(con) for con in content]

# 上方程序可以这么理解：建立列表，遍历每一行，进行分词并存入
列表
#seg_1=[]
#for con in content:
    #seg_1.append(jieba.lcut(con))

# 展示分词后的列表
print(seg_1)
```

执行代码后，输出结果如下所示。

```
[[' 机器 ', ' 学习 ', ' 带动 ', ' 人工智能 ', ' 飞速 ', ' 地 ',
```

'发展', '。'], ['深度', '学习', '带动', '人工智能', '飞速', '地', '发展', '。'], ['机器', '学习', '和', '深度', '学习', '带动', '人工智能', '飞速', '地', '发展', '。']]

（2）建立总词典

对语料进行分词后，可以统计出语料中出现过的内容，这就是上述所给语料库构成的词典。

```
# 建立总词典
BOW=[x for item in seg_1 for x in item ]

# 使用 set 函数将重复的词去掉并转换为列表：毫无关系的集合
词典
BOW=list(set(BOW))

# 展示总词典
print(BOW)
```

**执行代码后，输出结果如下所示。**

```
['。', '飞速', '机器', '的', '深度', '人工智能', '带动',
'发展', '和', '学习']
```

（3）生成文本向量

这一步的目标就是将每一篇文档转换成一个向量，用于机器学习模型的输入或者输出。因为得到的词典总共有 10 个单词，因此使用一个长度为 10 的向量来表示文档。其中，向量中每个位置的值为该位置对应单词的评分。其中一种最简单的评分方式就是：将该位置的单词的评分作为布尔值，1 表示该位置对应的单词在文档中出现了，0 则表示该位置对应的单词没有出现。

```
#for 语句建立词袋模型，只包含 0 和 1
bag_of_word2vec=[]

# 遍历去除停用词列表中的每一个小列表
for sentence in seg_1:
    # 在集合词典里出现就是 1，没出现就是 0
    token=[1 if token in sentence else 0 for token in BOW]
    # 将每一句的词袋模型向量存入列表
    bag_of_word2vec.append(token)

print(bag_of_word2vec)
```

执行代码后，输出结果如下所示：

```
[[1, 1, 1, 1, 0, 1, 1, 1, 0, 1], [1, 1, 0, 1, 1, 1, 1,
1, 0, 1], [1, 1, 1, 1, 1, 1, 1, 1, 1, 1]]
```

## 3.4.3　改进词汇表

在上面的描述中，文档向量的长度与词汇表的大小一致，随着词汇表增大，文档向量的维度同样也会增大。那么，对于一个非常大的语料库，比如语料库是成千上万句评论，那么词汇表的大小即向量的维度将会非常大。与此同时，每一句评论中可能只有极少数单词出现在词汇表中。那么这就会导致向量中有很多 0，这种情况下向量属于稀疏向量，需要消耗大量的计算资源。

因此，在使用词袋模型时，需要减小词汇表的大小。一种方式就是对原始文本进行清理，比如去停用词。

（1）文本分词

调用 jieba 库，使用精确模式对每行句子进行分词，并存入列表。

```
# 调用 jieba 库进行分词
import jieba

# 初始文本
content = [
    "机器学习带动人工智能飞速地发展。",
    "深度学习带动人工智能飞速地发展。",
    "机器学习和深度学习带动人工智能飞速地发展。"
]
# 调用 jieba 库，使用精确模式对每行句子进行分词，并存入列表
seg_1=[jieba.lcut(con)for con in content]

# 上方程序可以这么理解：建立列表，遍历每一行，进行分词并存入
列表
#seg_1=[]
#for con in content:
    #seg_1.append(jieba.lcut(con))

# 展示分词后的列表
print(seg_1)
```

执行代码后，输出结果如下所示。

```
[['机器', '学习', '带动', '人工智能', '飞速', '地',
'发展', '。'], ['深度', '学习', '带动', '人工智能',
'飞速', '地', '发展', '。'], ['机器', '学习', '和',
'深度', '学习', '带动', '人工智能', '飞速', '地', '
发展', '。']]
```

（2）去除停用词

首先遍历停用词文件的每一行，删除字符串头和尾的空白字符（包括 \n、\r、\t 等），加到停用词集合里，接下来遍历刚才分好的文本列表的每一行，再遍历每一行的每一个单词，如果这个单词不在停用词集合中，那么就将这个词放到新的行列表中，最

后将所有行列表存入文本列表。

```
# 建立停用词词典
# 建立空集合
punctuation = set()

#遍历停用词文件的每一行，删除字符串头和尾的空白字符（包括 \n、
\r、\t 等），加到列表里
stopwords = [line.strip() for line in open('ting.
txt','r').readlines()]
# 集合更新，将要传入的元素拆分，作为个体传入到集合中
punctuation.update(stopwords)  # 停用词

# 去除停用词，新建一个列表
tokenized = []

# 遍历分词列表中的每一个小列表
for sentence in seg_1:
    # 新建一个文本列表
    words=[]
    # 遍历小列表中的每一个词
    for word in sentence:
        # 如果这个单词不在列表中
        if word not in punctuation:
            # 将这个词放到新的文本列表中
            words.append(word)
    # 将所有的文本列表存入列表
    tokenized.append(words)
print(tokenized)
```

执行代码后，输出结果如下所示。

```
[['机器', '学习', '带动', '人工智能', '飞速', '发展'],
['深度', '学习', '带动', '人工智能', '飞速', '发展'],
['机器', '学习', '深度', '学习', '带动', '人工智能',
'飞速', '发展']]
```

（3）建立文本词典

```
#去除停用词，建立总词典
BOW=[x for item in seg_1 for x in item if x not in
punctuation]

# 使用 set 函数将重复的词去掉并转换为列表：毫无关系的集合
词典
BOW=list(set(BOW))
print(BOW)
```

执行代码后，输出结果如下所示。

```
['深度', '带动', '人工智能', '飞速', '学习', '发展',
'机器']
```

（4）for 语句建立词袋模型，只包含 0 和 1

```
#for 语句建立词袋模型，只包含 0 和 1
bag_of_word2vec=[]

# 遍历去除停用词列表中的每一个小列表
for sentence in tokenized:
    # 在集合词典里出现就是 1，没出现就是 0
    token=[1 if token in sentence else 0 for token in BOW]

    #将每一句的词袋模型向量存入列表
    bag_of_word2vec.append(token)
print(bag_of_word2vec)
```

执行代码后，输出结果如下所示。

```
[[0, 1, 1, 1, 1, 1, 1], [1, 1, 1, 1, 1, 1, 0], [1, 1,
1, 1, 1, 1, 1]]
```

## 3.4.4　词袋模型显示频率

通过命令建立词袋模型，显示实际出现次数，CountVectorizer() 函数只考虑每个单词出现的频率。

```python
#通过命令建立词袋模型，显示实际出现次数
#CountVectorizer() 函数只考虑每个单词出现的频率
#然后构成一个特征矩阵，每一行表示一个训练文本的词频统计结果
import jieba
from sklearn.feature_extraction.text import CountVectorizer

# 初始文本
ary = ["机器学习带动人工智能飞速地发展。",
       "深度学习带动人工智能飞速地发展。",
       "机器学习和深度学习带动人工智能飞速地发展。"]

corpus=[]
# 遍历初始文本列表的每一句话
for title in ary:
    #将字符串加入新的列表中
    corpus.append(' '.join(jieba.cut(title)))

#CountVectorizer() 函数对文本数据进行特征值化
vectorizer = CountVectorizer()

# 先训练，找到转换数据的规则，然后根据找到的规则转换数据
X = vectorizer.fit_transform(corpus)

# 转换之前数据形式为列表，已自动去除停用词
word = vectorizer.get_feature_names()

# 将转换之前的数据列表存入字符串，加入分隔符
```

```
print('|'.join(word))    # 请注意 ' ' 中间务必空一格或加分隔符
# 将训练后的数据转换为数组
print(X.toarray())
```

执行代码后，输出结果如下所示。

```
人工智能 | 发展 | 学习 | 带动 | 机器 | 深度 | 飞速
[[1 1 1 1 1 0 1]
 [1 1 1 1 0 1 1]
 [1 1 2 1 1 1 1]]
```

请读者思考一个问题，是只包含"0"和"1"的向量提供的信息量大，还是上面这种按照词汇实际出现频率（比如"2"）提供的信息量大?

## 3.4.5　词袋模型的局限性

词袋模型简单且容易操作，但是也存在一些明显的缺点。首先，就是维度灾难的问题，词袋模型会随着词典中词语数量增多而变大，从而使得维度变得很大;其次，生成的向量中大量元素为 0，这些都使得后续的计算消耗非常大;另外，词袋模型没有考虑重要的词与词之间的顺序和结构信息;最后，词袋模型中也存在语义鸿沟的问题。

第 **4** 章

# 机器学习洞察句情

4.1　机器学习概述

4.2　朴素贝叶斯与情感分析

4.3　二项逻辑回归与情感分析

# 4.1 机器学习概述

## 4.1.1 什么是机器学习

机器学习在人工智能领域中是一个非常热门的领域。什么是机器学习呢？很遗憾，"机器学习"跟"人工智能"一样，至今仍然没有一个公认的定义。"机器学习"一词是由阿瑟·塞缪尔（Arthur Samuel）在 1959 年提出来的[1]。汤姆·米切尔（Tom M. Mitchell）对机器学习领域研究的算法给出了一个被广泛引用的更为正式的定义[2]：机器学习，就是一种从经验中学习关于某类任务和该任务执行性能衡量参数，并且性能衡量参数会随着经验的增加而提高的计算机程序。

短短的一句话，道出了机器学习的核心概念：经验、程序和性能。什么是经验？就是过去的知识、信息和数据等；什么是程序？就是关于算法的种类及实现；什么是性能？就是算法处理经验的能力。并且，随着经验的增加，性能也会同步增长。

艾伦·图灵曾提到，不要再问机器是否能够思考，而应该思考的是机器如何做我们能做的事情。这是早期关于机器学习思想的起源。如今，机器学习早已是人工智能领域的核心领域之一，它是一门关于如何让计算机具有像人一样的学习能力，从海量的大数据中找到有用信息并做出预测或决策的学科。

机器学习是一门交叉的学科，它是计算机科学和统计学的交叉，同时还是人工智能和数据科学的交叉。机器学习与程序编码

---

[1] Samuel A. Some Studies in Machine Learning Using the Game of Checkers. IBM Journal of Research and Development, 1959, 3 (3): 210–229.

[2] Mitchell T. Machine Learning. McGraw Hill, 1977.

最大的区别之一就是可以在没有明确编程指令来执行任务的情况下做出预测或决策。

　　我们从能够看到的几十种定义里面，通过提取关键词，得到了"数据""算法""经验""交叉"和"模型"等关键词作为关键信息（图4-1）。有兴趣的读者可以试着把这5个关键词组织成一句话，应该可以打造出一个自己关于机器学习的定义。

图4-1　机器学习关键词

　　当谈论到"学习"的时候，人们可能最容易联想到学生在学校里面学习知识。通过书本以及老师的授课，掌握一定的知识与技能，然后通过做练习以及模拟考试，直到最终真正的测试，如果考试不过关，可能还需要面临再学习、再复习、再模拟考试，直至通过考试。

　　机器学习是基于数据开始的。没有数据，巧妇难为无米之炊。通常人们认为，经验是根据过去事情的总结，更多地反映在数据和统计里。当有了数据后，还需要对数据进行清理，为建模提供优质的"信息"。接下来就是"训练"模型，这个环节就有点像不断做练习的过程，等到训练完成后就可以参加验证考试了。通过验证，可以知道建模的好坏，也就是考试的分数，如果分数没有达到预期，可能还会进一步训练，不断地迭代直至通过预期考试。人类学习和机器学习过程有相似之处，如图4-2所示。

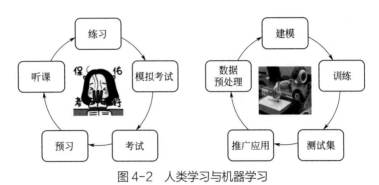

图4-2　人类学习与机器学习

机器学习的内涵，就是用正确的特征来构建适当的模型，以完成既定的任务。因此，机器学习的三要素就是任务、特征和模型。

任务就是我们需要解决什么样的问题。比如我们通常会去预测一些宏观经济变量，预测一些股票的价格，又或是通过人工智能帮助我们识别图片、翻译语言等任务。在任务环节，我们需要看清事物的本质，找到解决问题的核心。

特征，简单来说就是一种描述事物的测度指标。通常，特征的选取对模型的质量至关重要。比如，在机器学习中有一个经典的鸢尾花的数据集，鸢尾花具有花瓣长、花瓣宽、花萼长、花萼宽等4个特征，利用这些特征可以完成对鸢尾花种类的辨识。

模型是解决问题的关键，一般情况下，会有不同类型的模型解决同样的任务，因此打造不同的具有针对性的模型至关重要，不同的模型背后的原理也不相同。

## 4.1.2 机器学习与情感分析

说到机器学习，最常提到的是有监督学习和无监督学习。还有一种是介于有监督学习和无监督学习之间的半监督学习，如图4-3所示。

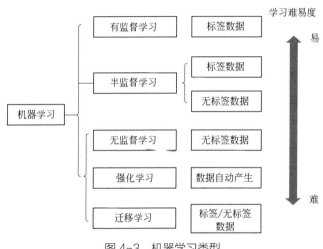

图4-3 机器学习类型

先看看什么是有监督学习。有监督学习，日语翻译过来为"有老师学习"，笔者认为其实翻译为"有答案学习"更为贴切。有答案学习能带来什么样的方便呢？答案能够告诉学生这道题做对了还是做错了，但是并不会告诉学生为什么对或是错。这种情况在机器学习中很常见，就是数据是由一对对输入数据和输出数据（也称标签数据）构成的，这里的输出数据就是事先给定的"正确答案"。通过给定的问题与答案，机器学习不断地学习训练，从而得到最佳的学习效果。

无监督学习类似于没有标准答案，没有老师"监督"。试想，当学生一遍遍做完题目后，学生也不知道对错，但是通过做遍海量的题库，可以起到"题做万遍，其理自现"的效果，学生们也许能够发现解题的一些规律。这种没有事先标注好标签数据，而学习海量数据，寻找内部规律的方式，就是无监督学习。

思考一个问题，如果你获得了一个样本数据集，其中有一小部分被标注好了，但是还有大量数据没有标注。仅仅利用这一小部分数据进行监督学习，可能出现训练样本不足的情况。如果此时将其他数据一一标注后再进行分析，耗时耗资耗力。那么有没有一种可以折中的办法呢？有，那就是半监督学习（semi-supervised learning），它是机器学习的一种方法，介于无监督学习和有监督学习之间，其在训练过程中利用少量的标记数据和大量的未标记数据进行学习，如图4-4所示。未来随着数据量的急剧增加，势必给标注的工作带来极大的挑战，那么如何利用半监督学习，通过少量已标注的数据完成学习，是一个非常重要的课题。

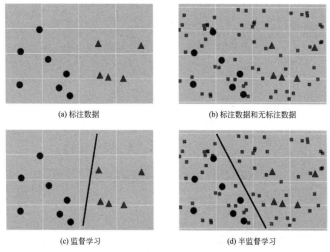

(a) 标注数据　　　　　　　(b) 标注数据和无标注数据

(c) 监督学习　　　　　　　(d) 半监督学习

图 4-4　监督学习与半监督学习

那什么是强化学习（reinforcement learning）呢？强化学习不是说每做一步就告诉答案，强化学习是做了一系列动作以后，给出一个估值，告诉你这个做了，大概打了多少分。它强调的是智能体如何与环境互动，以取得最大化的预期利益。像行为主义，包括机器人等，其实更多属于强化学习的范畴。

迁移学习（transfer learning）也是机器学习中一个研究的方向，其核心是在解决一个问题时获得的相关知识，并将这些知识应用于类似的问题。一些资料在介绍机器学习时，通常并未提及迁移学习。其实早在 1976 年，斯特沃·博济诺夫斯基（Stevo Bozinovski）和安特·富尔戈西（Ante Fulgosi）就发表了论文明确阐述了神经网络训练中的转移学习，并给出了转移学习的数学和几何模型。近几十年，迁移学习在很多领域都有相应的研究成果，比如医学成像、建筑、游戏、自然语言处理、图像识别、垃圾邮件检测、认知科学以及脑科学等。吴恩达多次表示，迁移学习将是继监督学习之后机器学习商业成功的下一个驱动力。

机器学习的本质是优化问题，如果按照输出变量的类型和学习的类型进行划分，则可以分为 4 类问题：分类、回归、聚类、降维。如图 4-5 所示。

图 4-5　机器学习问题划分

在本书的第 1 章已经提及，情感分析是一个分类问题，因此对应上图可以知道，分类问题涉及离散输出与有监督学习，离散输出指的是判定情感属于正向、负向或中立等情形，而有监督学习则意味着如果利用机器学习进行情感分析，需要知道结果数据。

通常情况下，机器学习中输入数据有图像、状态、语言等，对应的输出有类型、动作、文本等，有监督学习就是要找到一个输入与输出一一对应的映射函数关系，通过构建该函数，起到输入与输出之间匹配的作用。

因此，反映在利用机器学习进行情感分析的场景中，输入的就是一句话，而输出的则是一个情感的分类。如何将文本转换成机器学习中的数据呢？

从经典的鸢尾花数据及分类问题开始，图 4-6 展示的是鸢尾花数据集，从图中可以看到该数据集有 150 个数据，每个数据都有 4 个特征（花瓣与花萼的长与宽）与 1 个标签（花的类型）。将标签中的单词转化为 0、1 和 2 的形式，就可以利用机器学习中分类的算法进行。

| | sepal_length | sepal_width | petal_length | petal_width | species |
|---|---|---|---|---|---|
| 0 | 5.1 | 3.5 | 1.4 | 0.2 | setosa |
| 1 | 4.9 | 3.0 | 1.4 | 0.2 | setosa |
| 2 | 4.7 | 3.2 | 1.3 | 0.2 | setosa |
| 3 | 4.6 | 3.1 | 1.5 | 0.2 | setosa |
| 4 | 5.0 | 3.6 | 1.4 | 0.2 | setosa |
| ... | ... | ... | ... | ... | ... |
| 145 | 6.7 | 3.0 | 5.2 | 2.3 | virginica |
| 146 | 6.3 | 2.5 | 5.0 | 1.9 | virginica |
| 147 | 6.5 | 3.0 | 5.2 | 2.0 | virginica |
| 148 | 6.2 | 3.4 | 5.4 | 2.3 | virginica |
| 149 | 5.9 | 3.0 | 5.1 | 1.8 | virginica |

150 rows × 5 columns

图 4-6　鸢尾花数据

如果是具有正向和负向的情感标签，则很容易使用 0 和 1 进行编码。现在问题是，如何将评论构建成特征，以便机器学习的算法对数据进行分析？

回忆在第 3 章中提及的词袋模型，它将 3 句话变为了由数字 0 和 1 构成的向量，每句话的特征均为 7，这是由三句话中所有的词语数量决定的，因此其数据是一个 3 行 7 列的由数字 0 和 1 构成的矩阵。从这点看，针对机器学习的输入数据集，应该可以利用这些向量进行分析。

## 4.1.3　词袋模型数据生成

词袋模型这种构建特征的方法会随着文本的增大，维度不断增加。在《深度学习原理与 PyTorch 实战》这本书中，作者通过本书前文介绍过的网络爬虫技术，获取到了京东商城中某个商品的 8089 条好评和 5076 条差评，并向读者提供了 good.txt、bad.txt 两个文本文件。

这里就以这两个文件为数据展开进一步的分析。首先，我们探索性地各随机选取 500 条好评与 500 条差评，形成共计 1000 条评论的文件。然后对词袋模型进行分析，发现这 1000 条评论构成的是一个 1000 行 × 1619 列的由数字 0 和 1 构成的矩阵，如图 4-7 所示。

|  | 0 | 1 | 2 | 3 | 4 | 5 | 6 | 7 | 8 | 9 | ... | 1610 | 1611 | 1612 | 1613 | 1614 | 1615 | 1616 | 1617 | 1618 | 1619 |
|---|---|---|---|---|---|---|---|---|---|---|---|---|---|---|---|---|---|---|---|---|---|
| 0 | 0 | 1 | 0 | 0 | 0 | 0 | 0 | 0 | 0 | 0 | ... | 0 | 0 | 0 | 0 | 0 | 0 | 0 | 0 | 0 | 1 |
| 1 | 0 | 0 | 0 | 0 | 0 | 0 | 0 | 0 | 0 | 0 | ... | 0 | 0 | 0 | 0 | 0 | 0 | 0 | 0 | 0 | 1 |
| 2 | 0 | 0 | 0 | 0 | 0 | 0 | 0 | 0 | 0 | 0 | ... | 0 | 0 | 0 | 0 | 0 | 0 | 0 | 1 | 0 | 1 |
| 3 | 0 | 0 | 0 | 0 | 0 | 0 | 0 | 0 | 0 | 0 | ... | 0 | 0 | 0 | 0 | 0 | 0 | 0 | 0 | 0 | 1 |
| 4 | 0 | 0 | 0 | 0 | 0 | 0 | 0 | 0 | 0 | 0 | ... | 0 | 0 | 0 | 0 | 0 | 0 | 0 | 0 | 0 | 1 |
| ... | ... | ... | ... | ... | ... | ... | ... | ... | ... | ... | ... | ... | ... | ... | ... | ... | ... | ... | ... | ... | ... |
| 995 | 0 | 0 | 0 | 0 | 0 | 0 | 0 | 0 | 0 | 0 | ... | 0 | 0 | 0 | 0 | 0 | 0 | 0 | 0 | 0 | 0 |
| 996 | 0 | 0 | 0 | 0 | 0 | 0 | 0 | 0 | 0 | 0 | ... | 0 | 0 | 0 | 0 | 0 | 0 | 0 | 0 | 0 | 0 |
| 997 | 0 | 0 | 0 | 0 | 0 | 0 | 0 | 0 | 0 | 0 | ... | 0 | 0 | 0 | 0 | 0 | 0 | 0 | 0 | 0 | 0 |
| 998 | 0 | 0 | 0 | 0 | 0 | 0 | 0 | 0 | 0 | 0 | ... | 0 | 0 | 0 | 0 | 0 | 0 | 0 | 0 | 0 | 0 |
| 999 | 0 | 0 | 0 | 0 | 0 | 0 | 0 | 0 | 0 | 0 | ... | 0 | 0 | 0 | 0 | 0 | 0 | 0 | 0 | 0 | 0 |

1000 rows × 1620 columns

图 4-7　1000 条评论的词袋模型独热编码

这种特征数大于样本数的问题对于建模分析非常棘手，因此考虑进一步增大样本量。

从这两个文本文件中各随机抽取 5000 条评论，并将这共计 10000 条的评论存到 data.txt 文本文件里。在 data.txt 文本文件中，前 5000 条是好评，后 5000 条是差评。

接下来利用词袋模型，将这 10000 条评论，转化为文本向量，并存储到 data.csv 文件里。具体操作代码如下所示。

```
# 调用所需库
import jieba
import time
import csv

#读取随机抽取的10000条评论的文本数据（前5000条好评，后
5000条差评）
content = open("data.txt",'rb')
# 建立停用词词典
punctuation = stopwords = set()
stopwords = [line.strip() for line in open('ting.
txt','r',encoding= 'utf-8').readlines()]
punctuation.update(stopwords)

# 去除停用词
seg_1=[jieba.lcut(con) for con in content]
tokenized=[]
for sentence in seg_1:
    words=[]
    for word in sentence:
        if word not in punctuation:
            words.append(word)
    tokenized.append(words)

# 忽略词之间的联系，建立集合词典
BOW=[x for item in seg_1 for x in item if x not in
```

```
    punctuation]
BOW=list(set(BOW))
print(len(BOW))          #显示词典长度，即向量维度

#for 语句建立词袋模型，只包含 0 和 1
bag_of_word2vec=[]
for sentence in tokenized:
    token=[1 if token in sentence else 0 for token in BOW]
    bag_of_word2vec.append(token)
print(len(bag_of_word2vec))          # 对比评论数量

# 存储文本向量
fw=open('data.csv','w',encoding='utf-8')
csv_writer = csv.writer(fw, dialect = "excel")
for item in bag_of_word2vec:
    csv_writer.writerow(item)
    time.sleep(0.01)
```

执行代码后，输出结果如下所示，代表了一共有 10000 个文本向量，每一个文本向量的维度是 5763 维。

```
5763
10000
```

还可以在 data.csv 文件中，加入一列标签数据。想要对 data.csv 文件进行处理，可以使用 Python 中的第三方库——pandas 库。

```
# 调用 pandas 库
import pandas as pd

#打开、分析并读取提供的 CSV 文件，并将数据存储在 DataFrame 中
data = pd.read_csv('data.csv',header=None)
# 展示 DataFrame
data
```

执行代码后，输出结果如图 4-8 所示，可以看到数据表中一共有 10000 行，5763 列。

| | 0 | 1 | 2 | 3 | 4 | 5 | 6 | 7 | 8 | 9 | ... | 5753 | 5754 | 5755 | 5756 | 5757 | 5758 | 5759 | 5760 | 5761 | 5762 |
|---|---|---|---|---|---|---|---|---|---|---|---|---|---|---|---|---|---|---|---|---|---|
| 0 | 0 | 0 | 0 | 0 | 0 | 0 | 0 | 0 | 0 | 0 | ... | 0 | 0 | 0 | 0 | 0 | 0 | 0 | 0 | 0 | 0 |
| 1 | 0 | 0 | 0 | 0 | 0 | 0 | 0 | 0 | 0 | 0 | ... | 0 | 0 | 0 | 0 | 0 | 0 | 0 | 0 | 0 | 0 |
| 2 | 0 | 0 | 0 | 0 | 0 | 0 | 0 | 0 | 0 | 0 | ... | 0 | 0 | 0 | 0 | 0 | 0 | 0 | 0 | 0 | 0 |
| 3 | 0 | 0 | 0 | 0 | 0 | 0 | 0 | 0 | 0 | 0 | ... | 0 | 0 | 0 | 0 | 0 | 0 | 0 | 0 | 0 | 0 |
| 4 | 0 | 0 | 0 | 0 | 0 | 0 | 0 | 0 | 0 | 0 | ... | 0 | 0 | 0 | 0 | 0 | 0 | 0 | 0 | 0 | 0 |
| ... | ... | ... | ... | ... | ... | ... | ... | ... | ... | ... | ... | ... | ... | ... | ... | ... | ... | ... | ... | ... | ... |
| 9995 | 0 | 0 | 0 | 0 | 0 | 0 | 0 | 0 | 0 | 0 | ... | 0 | 0 | 0 | 0 | 0 | 0 | 0 | 0 | 0 | 0 |
| 9996 | 0 | 0 | 0 | 0 | 0 | 0 | 0 | 0 | 0 | 0 | ... | 0 | 0 | 0 | 0 | 0 | 0 | 0 | 0 | 0 | 0 |
| 9997 | 0 | 0 | 0 | 0 | 0 | 0 | 0 | 0 | 0 | 0 | ... | 0 | 0 | 0 | 0 | 0 | 0 | 0 | 0 | 0 | 0 |
| 9998 | 0 | 0 | 0 | 0 | 0 | 0 | 0 | 0 | 0 | 0 | ... | 0 | 0 | 0 | 0 | 0 | 0 | 0 | 0 | 0 | 0 |
| 9999 | 0 | 0 | 0 | 0 | 0 | 0 | 0 | 0 | 0 | 0 | ... | 0 | 0 | 0 | 0 | 0 | 0 | 0 | 0 | 0 | 0 |

10000 rows × 5763 columns

图 4-8　10000 条评论的词袋模型独热编码

接下来为转换后的文本向量加入一列标签数据，并将所有数据存储到 dataset.csv 文件中。

```
# 为前 5000 条数据打上标签 "1"
data.loc[0: 4999, '5763'] = 1

# 为后 5000 条数据打上标签 "0"
data.loc[5000: 9999, '5763'] = 0

# pandas 写入的是浮点类型的数据，将其转化为整数型
data["5763"] = data["5763"].astype("int")

# 将数据存储到 dataset.csv 文件中
data.to_csv('dataset.csv',index=0,header=0)

# 展示 DataFrame
data
```

执行代码后，输出结果如图 4-9 所示，可以看到数据表中现在有 10000 行，5764 列，其中最后一列就是添加的标签数据。

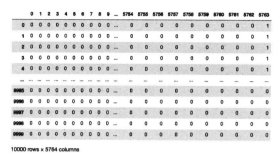

图 4-9　含有标签 10000 条评论的独热编码

尽管此时样本数大于特征数，但是维度的增大以及矩阵的系数仍会给建模和计算带来不便，尤其是如果采用下一章介绍的神经网络方法时，甚至容易导致模型参数大于样本数。鉴于此，可以采用降维的方式进行处理。

通过对数据进行主成分分析，可以看到主成分的累积贡献率，如图 4-10 所示❶。从图 4-10 可以看到在前 400 个主成分的累积贡献率就已经突破了 80%，通过计算可以得出前 600 个主成分的累积贡献率为 85.80% > 85%。

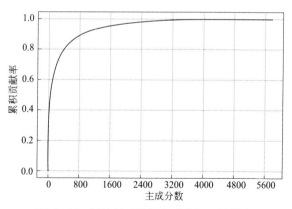

图 4-10　独热编码数据主成分累积贡献率

❶ 关于主成分的原理及代码实现，可以参看本丛书中《数据科学：机器学习如何数据掘金》一书。

因此可以选择前 600 个主成分作为分析对象，从而将原来的 5763 维降到 600 维，并保留了原数据的 85% 以上的信息。将最后一列标签页与由主成分构成的新特征矩阵合并，并转成文件"comment_1w.csv"，新的文件为 10000 行 ×601 列。

## 4.2　朴素贝叶斯与情感分析

### 4.2.1　贝叶斯 vs 频率

概率是对随机事件发生的可能性的一种度量。生活中到处充斥着概率：抛硬币出现正面的概率是多少？明天下雨的概率是多少？在不同的天气下，某位同学会骑自行车到校的概率是多少？这些问题都属于对某一事件发生的可能性的度量，确定的程度可以用 0 到 1 之间的数值来表示，这个数值就是概率。如果事件发生的概率越高，则我们越认为这个事件可能发生。

抛硬币是一个简单的例子，几乎接触过的人都知道正面朝上及背面朝上的两种结果概率都是相同的，即正面朝上及背面朝上的概率各有 50%。因为这是通过观察大量的抛硬币事件发生的频率后得出的结论。

然而面对生活中一些具体场景时，却很难用频率的思路去思考概率。如果说抛硬币这种事情属于不以人的意志为转移具有"客观性"的现象（当然，前提必须是一枚均匀（公平）的硬币，且抛硬币的人不作弊），那么在很多情形下，不同的人对某些情形给出的概率却具有很强的"主观性"。

面对这种主观性的概率时，就不得不提及贝叶斯学派。贝叶斯概率也是一种对概率的解释，在这种解释中，概率被解释为代表一种具备某种知识状态的合理预期，又或是个人信念的一种量化。贝叶斯学派和频率学派是统计学中的两大学派，不少学者认为，贝叶斯原理更加符合人们认知的习惯。

贝叶斯一词来源于18世纪的数学家和神学家托马斯·贝叶斯（Thomas Bayes），数学家皮埃尔·西蒙·拉普拉斯（Pierre-Simon Laplace）开创并推广了现在的贝叶斯概率。1939年，哈罗德·杰弗里斯（Harold Jeffreys）首次出版的《概率论》对贝叶斯概率论的复兴起了重要作用。

在20世纪80年代，贝叶斯方法的研究和应用有了一个戏剧性的增长，主要归功于马尔可夫链蒙特卡罗方法（Markov Chain Monte Carlo，简称MCMC）的发现和随之而来的许多计算问题的消除，现在贝叶斯方法被广泛接受和使用。

在人工智能领域，贝叶斯方法也非常重要，比如利用贝叶斯方法，可以追溯复杂的因果关系，网络搜索引擎、数据学习等也需要用到贝叶斯方法。甚至有学者说，贝叶斯统计是最接近人类思考的统计学，提出了贝叶斯大脑假说。

## 4.2.2　朴素贝叶斯原理实践

以下的内容，聚焦在朴素贝叶斯（Naive Bayes）这个概念上。朴素贝叶斯在20世纪50年代开始流行，20世纪60年代引入到文本信息检索中，直到目前仍是一种普遍采用的文本分类方法，如垃圾邮件检测等。

在讨论朴素贝叶斯之前，先对学生时期的条件概率、全概率公式等概念做一个简单的回顾。因为这些概念跟贝叶斯定理有着很深的关联。

什么是条件概率呢？就是指在某个事件已经发生的条件下，发生另外某件事情的概率。比如之前提到的在天气为阴天的情况下，某位同学会骑自行车到校的概率是多少？这也是一种条件概率。

假如有 A 和 B 两个事件，事件 A 发生之后事件 B 发生的概率等于事件 A 和事件 B 同时发生的概率除以事件 A 发生的概率。公式表示条件概率为：

$$P(B \mid A) = \frac{P(AB)}{P(A)}$$

条件概率在生活中相当常见，文本分析中的单词预测就是一种条件概率。比如经常在出现了一些词的情况下，去预测某个词发生的概率。比如，出现了"我""爱""北京"几个词的情形下，下一个词出现"天安门"的概率。

之所以称它为"朴素"，是假设样本的特征之间是相互独立的，不存在一个特征会与其他特征相关的情况，称这样的假设为属性条件独立假设（attribute conditional independence assumption）。该假设使得朴素贝叶斯分类器在处理问题时变得简便很多，而且还被证实在实际中能够取得很好的效果。它最大的一个优势是基于少量的数据就可以进行训练。

由于朴素贝叶斯的样本的特征间相互独立的假设太为苛刻，在现实中基本无法成立，因此不少学者进行了改进。例如，将独立性假设弱化后，衍生出半朴素贝叶斯分类器（Semi-Naive Bayes Classifiers）和贝叶斯网络模型（Bayesian Network）。本书只关注朴素贝叶斯分类器，对其他内容感兴趣的读者可以参阅其他书籍。

考虑到朴素贝叶斯内容涉及基本的概率知识，因此这里利用一个案例，一边回顾概率知识，一边讲解朴素贝叶斯的工作原理。

假设判断某个产品是否符合要求，其中判断来自 4 种情形，即 4 个特征，分别用变量 $x_1$，$x_2$，$x_3$，$x_4$ 表示。假设表 4-1 中给出了这些特征下产品是否符合要求的数据集。假设 $x_i = 1$ 表示第 $i$ 种情形的显著状态，$x_i = 0$ 表示第 $i$ 种情形的不显著状态，每种情形下共计 0 和 1 两种状态，$y = 1$ 表示产品符合要求，$y = 0$ 表示产品不符合要求，数据如表 4-1 所示。

表4-1　产品鉴定数据

| 情形 1 | 情形 2 | 情形 3 | 情形 4 | 是否符合要求 |
|--------|--------|--------|--------|------------|
| 0 | 1 | 0 | 0 | 1 |
| 0 | 0 | 1 | 0 | 0 |
| 0 | 0 | 0 | 1 | 1 |
| 1 | 1 | 0 | 0 | 0 |
| 0 | 1 | 1 | 0 | 0 |
| 0 | 0 | 1 | 1 | 1 |
| 1 | 0 | 0 | 1 | 1 |
| 1 | 0 | 1 | 0 | 1 |
| 0 | 1 | 0 | 1 | 0 |
| 1 | 0 | 1 | 1 | 1 |

在数据集中，共有 10 个样本，其中符合要求的有 6 个，因此可以得到先验概率 $P(y)$，其中：

$$P(y = 1) = 3/5$$

$$P(y = 0) = 2/5$$

情形 1 显著状态的概率为

$$P(x_1 = 1) = 2/5$$

情形 1 显著状态且符合要求情况下的概率可以表示为

$$P(x_1 = 1, y = 1) = 3/10$$

那么，在情形 1 显著状态的条件下，符合要求的概率可以表示为

$$P(y = 1 | x_1 = 1) = \frac{P(x_1 = 1, y = 1)}{P(x_1 = 1)} = 3/4$$

称这种在一个事件发生的条件下，另一个事件发生的概率为

条件概率（conditional probability）。根据条件概率，也可以得到如下概率。

$$P(x_1 = 1|y = 1) = \frac{P(x_1 = 1, y = 1)}{P(y = 1)} = 1/2$$

基于上述概率的情况，引出两个重要的概念，全概率公式（Law of total probability）和贝叶斯公式（Bayes' Law）。

假设 $x_1, x_2, x_3, x_4$ 为一组事件，$x_i x_j = \phi$，$i \neq j$，$i, j$=1,2,3,4，且 $x_1, x_2, x_3, x_4$ 构成了全部的样本空间，则全概率公式为

$$P(y) = P(y|x_1)P(x_1) + P(y|x_2)P(x_2) + P(y|x_3)P(x_3) + P(y|x_4)P(x_4)$$

贝叶斯公式为

$$P(x_i|y) = \frac{P(y|x_i)P(x_i)}{\sum_{j=1}^{4} P(y|x_j)P(x_j)}, i = 1, 2, 3, 4$$

有了这些关于贝叶斯的概念，利用表 4-2 中的数据，就可以训练一个朴素贝叶斯的分类器对表 4-2 中的样本进行分类。

表 4-2　待判定样本

| 情形 1 | 情形 2 | 情形 3 | 情形 4 | 符合要求 |
|--------|--------|--------|--------|----------|
| 1 | 1 | 1 | 1 | ? |

为每个特征估计条件概率

$$P(x_1 = 1|y = 1) = 1/2$$
$$P(x_1 = 1|y = 0) = 1/4$$
$$P(x_2 = 1|y = 1) = 1/6$$
$$P(x_2 = 1|y = 0) = 3/4$$
$$P(x_3 = 1|y = 1) = 1/2$$
$$P(x_3 = 1|y = 0) = 1/2$$
$$P(x_4 = 1|y = 1) = 2/3$$
$$P(x_4 = 1|y = 0) = 1/4$$
$$P(y = 1) \times P(x_1 = 1|y = 1) \times P(x_2 = 1|y = 1) \times$$

$$P(x_3 = 1|y = 1) \times P(x_4 = 1|y = 1) \approx 0.017$$
$$P(y = 0) \times P(x_1 = 1|y = 0) \times P(x_2 = 1|y = 0) \times$$
$$P(x_3 = 1|y = 0) \times P(x_4 = 1|y = 0) \approx 0.009$$

因为 0.017>0.009，所以朴素贝叶斯分类器将上述实验样本归为符合要求一类。

面对不同分布的数据，能够利用的朴素贝叶斯学习方式也有所不同。比如多项式朴素贝叶斯适合特征属于类别的数据；高斯朴素贝叶斯适合样本数据属于连续型变量的情况，其假设不同特征下的数据符合正态分布；伯努利朴素贝叶斯假设特征数据服从于 0、1 这样的二分类情形。

利用程序对上述的例子进行验证，这里调用 Scikit-learn 库中朴素贝叶斯算法，使用伯努利朴素贝叶斯进行建模。

```python
from sklearn.naive_bayes import BernoulliNB
# 输入数据:
X=([[0,1,0,0],
    [0,0,1,0],
    [0,0,0,1],
    [1,1,0,0],
    [0,1,1,0],
    [0,0,1,1],
    [1,0,0,1],
    [1,0,1,0],
    [0,1,0,1],
    [1,0,1,1]])
Y=([1,0,1,0,0,1,1,1,0,1])
model = BernoulliNB ()
# 训练模型
model.fit(X,Y)
# 评估结果
model.predict([[1,1,1,1]])
```

## 结果显示

```
array([1])
```

因此，从结果来看实验样本归为符合要求一类。

再利用乳腺癌数据库对朴素贝叶斯算法进行说明。乳腺癌数据库是 Scikit-learn 库中的经典数据之一。该数据是通过收集良性和恶性乳腺肿瘤病灶造影图片而得，当拿到病灶造影图片后，通过分析图片对其中的特征进行提取，尽管这个过程非常的烦琐，当收集到一定的数据后，通过建模可以将这个专业的工作交给人工智能进行处理，帮助预测肿瘤的良性或恶性。

如何从图中构建出数据特征，将场景转换为数据，这是一个专业的事情，就好像鸢尾花的四个长度指标那样。下面可以看看提取的 10 个特征：

- radius：半径，即病灶中心点离边界的平均距离。
- texture：纹理，即灰度值的标准偏差。
- perimeter：周长，即病灶的大小。
- area：面积，即反映病灶大小的一个指标。
- smoothness：平滑度，即半径的变化幅度。
- compactness：密实度，周长的平方除以面积。
- concavity：凹度，凹陷部分轮廓的严重程度。
- concave points：凹点，凹陷轮廓的数量。
- symmetry：对称性。
- fractal dimension：分形维度。

通过计算上述各个原始特征的标准差和最大值，将判断乳腺癌肿瘤特征的数量从 10 个变为 30 个。乳腺癌数据集中总共有 569 个样本，包含 357 个阳性样本与 212 个阴性样本。

可以从 Scikit-learn 库中直接导入该数据，并查看该数据的数据结构。

```
from sklearn.datasets import load_breast_cancer
data = load_breast_cancer()
x = data.data
y = data.target
print(x.shape)
print(y.shape)
```

结果显示如下：

```
(569, 30)
(569,)
```

加载 pandas 库，进一步查看特征数据。

```
import pandas as pd
X=pd.DataFrame(data.data, columns = data.feature_names)
X
```

结果如图 4-11 所示。

| | mean radius | mean texture | mean perimeter | mean area | mean smoothness | mean compactness | mean concavity | mean concave points | mean symmetry | mean fractal dimension | ... |
|---|---|---|---|---|---|---|---|---|---|---|---|
| 0 | 17.99 | 10.38 | 122.80 | 1001.0 | 0.11840 | 0.27760 | 0.30010 | 0.14710 | 0.2419 | 0.07871 | ... |
| 1 | 20.57 | 17.77 | 132.90 | 1326.0 | 0.08474 | 0.07864 | 0.08690 | 0.07017 | 0.1812 | 0.05667 | ... |
| 2 | 19.69 | 21.25 | 130.00 | 1203.0 | 0.10960 | 0.15990 | 0.19740 | 0.12790 | 0.2069 | 0.05999 | ... |
| 3 | 11.42 | 20.38 | 77.58 | 386.1 | 0.14250 | 0.28390 | 0.24140 | 0.10520 | 0.2597 | 0.09744 | ... |
| 4 | 20.29 | 14.34 | 135.10 | 1297.0 | 0.10030 | 0.13280 | 0.19800 | 0.10430 | 0.1809 | 0.05883 | ... |
| ... | ... | ... | ... | ... | ... | ... | ... | ... | ... | ... | ... |
| 564 | 21.56 | 22.39 | 142.00 | 1479.0 | 0.11100 | 0.11590 | 0.24390 | 0.13890 | 0.1726 | 0.05623 | ... |
| 565 | 20.13 | 28.25 | 131.20 | 1261.0 | 0.09780 | 0.10340 | 0.14400 | 0.09791 | 0.1752 | 0.05533 | ... |
| 566 | 16.60 | 28.08 | 108.30 | 858.1 | 0.08455 | 0.10230 | 0.09251 | 0.05302 | 0.1590 | 0.05648 | ... |
| 567 | 20.60 | 29.33 | 140.10 | 1265.0 | 0.11780 | 0.27700 | 0.35140 | 0.15200 | 0.2397 | 0.07016 | ... |
| 568 | 7.76 | 24.54 | 47.92 | 181.0 | 0.05263 | 0.04362 | 0.00000 | 0.00000 | 0.1587 | 0.05884 | ... |

569 rows × 30 columns

图 4-11  乳腺癌数据结构

对于较大信息的数据，可以通过 X.info() 查看数据信息。

```
X.info()
```

结果显示如图 4-12 所示。

```
<class 'pandas.core.frame.DataFrame'>
RangeIndex: 569 entries, 0 to 568
Data columns (total 30 columns):
 #   Column                   Non-Null Count   Dtype
---  ------                   --------------   -----
 0   mean radius              569 non-null     float64
 1   mean texture             569 non-null     float64
 2   mean perimeter           569 non-null     float64
 3   mean area                569 non-null     float64
 4   mean smoothness          569 non-null     float64
 5   mean compactness         569 non-null     float64
 6   mean concavity           569 non-null     float64
 7   mean concave points      569 non-null     float64
 8   mean symmetry            569 non-null     float64
 9   mean fractal dimension   569 non-null     float64
 10  radius error             569 non-null     float64
 11  texture error            569 non-null     float64
 12  perimeter error          569 non-null     float64
 13  area error               569 non-null     float64
 14  smoothness error         569 non-null     float64
 15  compactness error        569 non-null     float64
 16  concavity error          569 non-null     float64
 17  concave points error     569 non-null     float64
 18  symmetry error           569 non-null     float64
 19  fractal dimension error  569 non-null     float64
 20  worst radius             569 non-null     float64
 21  worst texture            569 non-null     float64
 22  worst perimeter          569 non-null     float64
 23  worst area               569 non-null     float64
 24  worst smoothness         569 non-null     float64
 25  worst compactness        569 non-null     float64
 26  worst concavity          569 non-null     float64
 27  worst concave points     569 non-null     float64
 28  worst symmetry           569 non-null     float64
 29  worst fractal dimension  569 non-null     float64
dtypes: float64(30)
memory usage: 133.5 KB
```

图 4-12 乳腺癌数据信息

从图 4-12 中可以看出，共有 569 个索引记录，编号从 0 到 568。图中还显示了 30 个特征的名称，所有特征下均有 569 个数据，数据中不存在非空值，数据类型为 float64。

如果想得到各特征数据的描述统计值，也可利用 X.describe() 进行查看，如图 4-13 所示。

```
X.describe()
```

| | mean radius | mean texture | mean perimeter | mean area | mean smoothness | mean compactness | mean concavity | mean concave points | mean symmetry | mean fractal dimension | ... |
|---|---|---|---|---|---|---|---|---|---|---|---|
| count | 569.000000 | 569.000000 | 569.000000 | 569.000000 | 569.000000 | 569.000000 | 569.000000 | 569.000000 | 569.000000 | 569.000000 | ... |
| mean | 14.127292 | 19.289649 | 91.969033 | 654.889104 | 0.096360 | 0.104341 | 0.088799 | 0.048919 | 0.181162 | 0.062798 | ... |
| std | 3.524049 | 4.301036 | 24.298981 | 351.914129 | 0.014064 | 0.052813 | 0.079720 | 0.038803 | 0.027414 | 0.007060 | ... |
| min | 6.981000 | 9.710000 | 43.790000 | 143.500000 | 0.052630 | 0.019380 | 0.000000 | 0.000000 | 0.106000 | 0.049960 | ... |
| 25% | 11.700000 | 16.170000 | 75.170000 | 420.300000 | 0.086370 | 0.064920 | 0.029560 | 0.020310 | 0.161900 | 0.057700 | ... |
| 50% | 13.370000 | 18.840000 | 86.240000 | 551.100000 | 0.095870 | 0.092630 | 0.061540 | 0.033500 | 0.179200 | 0.061540 | ... |
| 75% | 15.780000 | 21.800000 | 104.100000 | 782.700000 | 0.105300 | 0.130400 | 0.130700 | 0.074000 | 0.195700 | 0.066120 | ... |
| max | 28.110000 | 39.280000 | 188.500000 | 2501.000000 | 0.163400 | 0.345400 | 0.426800 | 0.201200 | 0.304000 | 0.097440 | ... |

8 rows × 30 columns

图 4-13　乳腺癌数据描述统计

可以通过下面的代码分别查看特征与标签的名称。

```
print(data.feature_names)
print(data.target_names)
print(len(data.feature_names))
print(len(data.target_names))
```

结果如图 4-14 所示。

```
['mean radius' 'mean texture' 'mean perimeter' 'mean area'
 'mean smoothness' 'mean compactness' 'mean concavity'
 'mean concave points' 'mean symmetry' 'mean fractal dimension'
 'radius error' 'texture error' 'perimeter error' 'area error'
 'smoothness error' 'compactness error' 'concavity error'
 'concave points error' 'symmetry error' 'fractal dimension error'
 'worst radius' 'worst texture' 'worst perimeter' 'worst area'
 'worst smoothness' 'worst compactness' 'worst concavity'
 'worst concave points' 'worst symmetry' 'worst fractal dimension']
['malignant' 'benign']
30
2
```

图 4-14　乳腺癌数据特征与标签名称

对乳腺癌数据有了一定的直观印象后，就可以利用机器学习的算法去解决问题。因为判断乳腺癌属于一个分类问题，所以可以尝试用朴素贝叶斯分类器进行建模。考虑到数据的性质，所以选择高斯朴素贝叶斯分类器进行建模。

```
from sklearn.datasets import load_breast_cancer
from sklearn.naive_bayes import GaussianNB
from sklearn.model_selection import train_test_split

data=load_breast_cancer()
x=data.data
y=data.target

x_train, x_test, y_train, y_test = train_test_split(x,
y, test_size=0.3, random_state=1)

model = GaussianNB()
model.fit(x_train, y_train)

train_score = model.score(x_train,y_train)
test_score = model.score(x_test,y_test)

print(' 训练集的准确率: %f'%train_score)
print(' 测试集的准确率: %f'%test_score)
```

```
训练集的准确率: 0.939698
测试集的准确率: 0.947368
```

利用朴素贝叶斯，可以对评论数据进行情感分析，本质上就是解决一个分类问题。

```
# 导入 CSV 数据
import pandas as pd
from sklearn.naive_bayes import BernoulliNB
from sklearn.model_selection import train_test_split

# 导入数据，第一行作为数据而非索引
data = pd.read_csv('comment_1w.csv',header=None)
```

```
X = data.iloc[: ,0: 600]
X = X.values

y = data.iloc[: ,600]
y = y.values

# 划分集合
X_train, X_test, y_train, y_test = train_test_split(X,
y, test_size=0.3, random_state=1)

# 训练模型
model = BernoulliNB()
model.fit(X_train, y_train)

# 结果评估
train_score = model.score(X_train,y_train)
test_score = model.score(X_test,y_test)
print(' 训练集的准确率: %f'%train_score)
print(' 测试集的准确率: %f'%test_score)
```

结果显示：

```
训练集的准确率: 0.750714
测试集的准确率: 0.740333
```

# 4.3 二项逻辑回归与情感分析

## 4.3.1 逻辑回归原理

工作、学习和生活中，经常需要判断一些事情是否会发生。以上面的乳腺癌数据为例，需要判断肿瘤是良性还是恶性；以天气为例，明天下雨或者是不下雨；以考试为例，通过还是没通过。这些目标只有两种可能性，属于二元分类问题，可以用 0 和 1 表示。

如图 4-15 所示的数据，某个特征下一些数值数据的标签数据为 0，另一些数值数据的标签数据为 1。在图 4-15 中，即便找到一条直线将两类点分开，分类的结果也容易受到一些数值的影响而出现分类错误。

如何解决二元分类问题，一些介绍机器学习的书籍中介绍了如 K 近邻模型、决策树模型等，本书的前文中也已经介绍了贝叶斯分类器，下面介绍一种通过计算数据属于不同类别的概率进行分类的逻辑回归（logistic regression）。

尽管名字中含有"回归"一词，但是逻辑回归解决的是分类问题。因为逻辑回归学习的是事情发生结果的可能性，其实也可以用于分析两类以上的多分类问题，本书中的逻辑回归聚焦在二分类问题上，因此也称二项逻辑回归。

说到概率，很容易联想到事情发生的概率是介于 0 与 1 之间的，也就是说，能否用一条介于 0 到 1 之间的曲线去替代上图中的直线，并且这条曲线横轴的范围应该可以满足任何数值，这样就可以实现任何数值都能被映射成一个概率，从而利用概率达到分类的目的，如图 4-16 所示。

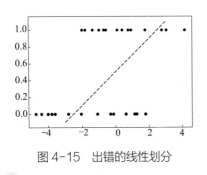

图 4-15　出错的线性划分

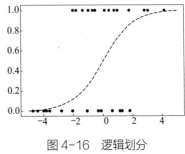

图 4-16　逻辑划分

这条曲线可以用 Sigmoid 函数进行表示，公式如下：

$$\sigma(z) = \frac{1}{1 + e^{-z}}$$

可以自定义一个 Sigmoid 函数，并利用该函数查看不同数值经过映射后的"概率"值。

```
def sigmoid(z):
    return 1/(1+np.exp(-z))
z = np.arange(-5,5,0.5)
sigmoid(z)
```

结果显示如下：

```
array([0.00669285, 0.01098694, 0.01798621, 0.02931223,
0.04742587,0.07585818, 0.11920292, 0.18242552,
0.26894142, 0.37754067,0.5, 0.62245933, 0.73105858,
0.81757448, 0.88079708,0.92414182, 0.95257413,
0.97068777, 0.98201379, 0.98901306])
```

Sigmoid 函数，也称 Logistic 函数，有很多不错的性质：

- 可以将任何值映射到 0 至 1 的区间内。
- 是一个单调递增的函数。

$z$ 使得 $y=1$ 的概率可以用逻辑回归模型表示成一个条件概率问题，即 $P(y=1|z)$。

图 4-16 二元分类中一般将概率 0.5 作为阈值进行分类，当概率大于等于 0.5 时，分类为 1，否则分类就为 0。

当面对多元问题，即多个特征时，对特征下的数据乘以权重，再加上偏置来计算公式中 $z$ 的值，即：

$$z = w_1 x_1 + w_2 x_2 + \cdots + w_n x_n + w_0$$

此时的条件概率变为 $P(y=1|x_1, x_2, \cdots, x_n)$。通过概率的相关知识可以知道：

$$P(y = 1 \mid x_1, x_2, \ldots, x_n) + P(y = 0 \mid x_1, x_2, \ldots, x_n) = 1$$

Logistic 回归需要用最大似然（maximum likelihood）方法求解参数，也就可以甄别出在不同的参数分类都正确的情况下，哪组参数是最好的。具体过程这里就不再详细介绍，读者可以参阅其他相关书籍。

## 4.3.2　逻辑回归算法

利用逻辑回归进行乳腺癌数据建模的代码如下所示：

```python
from sklearn.model_selection import train_test_split
from sklearn.linear_model import LogisticRegression
from sklearn.datasets import load_breast_cancer
from sklearn import metrics
data = load_breast_cancer()
x = data.data
y = data.target
x_train, x_test, y_train, y_test = train_test_split(x, y, test_size=0.3, random_state=1)
model = LogisticRegression(solver='liblinear')
model.fit(x_train,y_train)
train_score = model.score(x_train, y_train)
test_score = model.score(x_test, y_test)
print(' 训练集的准确率: %f'%train_score)
print(' 测试集的准确率: %f'%test_score)
```

结果显示：

```
训练集的准确率: 0.954774
测试集的准确率: 0.953216
```

情感分析属于二分类问题，因此可以利用二项逻辑回归算法进行建模分析。代码如下：

```python
from sklearn.model_selection import train_test_split
from sklearn.linear_model import LogisticRegression
from sklearn import metrics

# 导入数据，第一行作为数据而非索引
data = pd.read_csv('comment_1w.csv',header=None)

X = data.iloc[: ,0: 600]
X = X.values
y = data.iloc[: ,600]
y = y.values

# 划分集合
X_train, X_test, y_train, y_test = train_test_split(X,
y, test_size=0.3, random_state=1)

# 训练模型
model = LogisticRegression(solver='liblinear')
model.fit(X_train,y_train)

#模型评估
train_score = model.score(X_train, y_train)
test_score = model.score(X_test, y_test)
print(' 训练集的准确率: %f'%train_score)
print(' 测试集的准确率: %f'%test_score)
```

结果显示：

```
训练集的准确率: 0.893429
测试集的准确率: 0.872667
```

第 **5** 章

# 神经网络触景悉情

5.1　神经网络工作原理

5.2　激活函数与损失函数

5.3　神经网络的分类与情感分析

# 5.1　神经网络工作原理

## 5.1.1　神经网络概述

随着深度学习技术的不断发展，自然语言处理也取得了飞跃式的进步，很多场景应用中的精度得到了大幅的提升。如果想深入地学习深度学习，神经网络是一个无法逾越的内容，它是连接传统机器学习与深度学习的一个纽带。

从 1943 年 MP 神经元的提出来看，神经网络的历史甚至早于人工智能。在 20 世纪 50 年代和 80 年代，分别出现了两次关于神经网络的研究热潮，当然也经历了历史上的至暗时刻。正是有像杰弗里·辛顿（Geoffrey Hinton）教授这样意志力坚定，面对困境也不忘初心的一小批学者们的坚持，使得神经网络的相关研究一直持续，最终以深度学习的成功而再次将人工智能推向了新的高度。

1957 年，弗兰克·罗森布拉特（Frank Rosenblatt）提出了感知机（perceptron），属于一种简单的人工神经网络。此时的感知机与 MP 神经元模型类似，由一个输入层和一个输出层构成，即单层感知机。

1969 年，马文·明斯基（Marvin Minsky）和西蒙·派珀特（Seymour Papert）合著了《感知机：计算几何导论》（*Perceptrons : An Introduction to Computational Geometry*）❶。该书指出由输入层和输出层构成的感知机能力不足，连简单的异或（XOR）问题都无法解决。由于意识到单层感知机的不足，人们逐渐对感知机失去了信心，也成为压倒人工智能的最后一根稻草。

---

❶ Minsky M，Papert, S. Perceptrons: An Introduction to Computational Geometry. Cambridge: The MIT Press，1969.

多层感知机的提出弥补了单层感知机的不足。尽管多层感知机具备处理复杂的函数的能力，然而它仍面临着不足之处，比如权重的设定依然需要由人工完成。而神经网络在这方面具有很大的优势，它可以从数据中自动学习到合适的权重。

## 5.1.2　前向与反向传播

神经网络的结构如图 5-1 所示，最左边的一层称为输入层，最右边的一层称为输出层，中间称为隐藏层，之所以称为隐藏层，是因为中间层发生了什么相对于输入层和输出层较难得知。图 5-1 的网络结构属于"全连接"方式，它是指两个相邻层之间神经元相互连接，但是同一层的神经元之间没有连接。

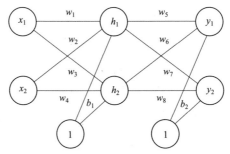

图 5-1　神经网络结构示意图

尽管图 5-1 所示网络结构为三层，通常将输入层不视为真正意义上的层，因此也称图 5-1 为两层神经网络，每一层上有两个神经元。通过增加隐藏层的数量以及每层的神经元个数，可以模拟出更为复杂的函数。但就这样的结构来看，似乎神经网络与多层感知机并无太大差别，下面要探讨的内容将对神经网络的原理一步步拆解。

从图 5-1 可以看到，每层神经网络上有两个神经元。隐藏层与输出层中的神经元通常包含一个非线性的激活函数，其目的是实现神经元的非线性映射。图 5-1 中神经元内标 "1" 的为偏置项。

当数据 $i_1$ 和 $i_2$ 从输入层的 $x_1$ 和 $x_2$ 神经元向隐藏层传递时，需要与权重加权求和，然后进入到隐藏层的神经元当中，进入 $h_1$ 和 $h_2$ 神经元的数据可以表示为：

$$输入_{h_1} = w_1 * i_1 + w_2 * i_2 + b_1 * 1$$
$$输入_{h_2} = w_3 * i_1 + w_4 * i_2 + b_1 * 1$$

在 $h_1$ 神经元中，输入 $_{h_1}$ 要经过激活函数（activation function）再输出。激活函数是在人工神经网络神经元内的函数，通常为一些非线性函数。$h_1$ 和 $h_2$ 神经元的输出为输出 $_{h_1}$ 和输出 $_{h_2}$。

隐藏层的数据输出后经权重加权求和后继续向输出层传递，此时进入输出层 $y_1$ 和 $y_2$ 神经元的数据可以表示为：

$$输入_{y_1} = w_5 * 输出_{h_1} + w_6 * 输出_{h_2} + b_2 * 1$$
$$输入_{y_2} = w_7 * 输出_{h_1} + w_8 * 输出_{h_2} + b_2 * 1$$

因为输出层中的 $y_1$ 和 $y_2$ 神经元中也存在激活函数，因此还需要将输入 $_{y_1}$ 和输入 $_{y_2}$ 经激活函数转换后得到最终的输出 $_{o_1}$ 和输出 $_{o_2}$。

以上完成了神经网络的前向过程，通过前向过程，得到了一组输出的数据输出 $_{o_1}$ 和输出 $_{o_2}$。然而，通过这样一次前向过程，使得输出的结果与实际结果相等的可能性将很小。

在建模的时候，当然是希望输出的值与真实值之间的差距越小越好，这种差距就引出了损失函数（loss function）的概念。

损失函数也称代价函数（cost function），用来评价模型的预测值和真实值之间不一样的程度，函数输出一个非负的误差值。这个值可以作为衡量神经网络指标优劣的一个值，误差值越小，模型的性能就越好。从损失函数这一概念上来看，此时的这种神经网络学习方式属于监督学习。

反向传播算法原理的推导过程以及相应的计算有些让人望而却步。然而，得益于现在一些外部库，可以让这个复杂的过程变得相对简单。在《数据科学：机器学习如何数据掘金》一书中，不但给出了调用 Scikit-learn 库如何简单地完成复杂的神经网络操作，还给出了反向传播的推导与相应的数值计算，感兴趣的读者可以进一步阅读。

1986 年，杰弗里·辛顿（Geoffrey Hinton）和大卫·鲁梅哈特（David Rumelhart）等学者提出了一种名为"反向传播（Backpropagation）"的神经网络训练方法，并发表在《自然》（Nature）期刊上 ❶。"反向传播"这个名称实际上来自弗兰克·罗森布拉特（Frank Rosenblatt）在 1962 年所使用的术语，因为他试图将感知机学习算法推广到多层 ❷。

在 20 世纪 60 年代和 70 年代，有很多尝试试图将感知机学习过程推广到多个层次，但是没有一个特别成功的结果。保罗·沃伯斯（Paul Werbos）于 1974 年在博士学位论文《超越回归》（Beyond Regression）中提出了这一基本思想，并且证明在神经网络中多加一层就能解决异或（XOR）问题，但是当时正是神经网络的低谷时期，因此并未受到重视 ❸。大卫·帕克（David Parker）和大卫·鲁梅哈特（David Rumelhart）在 1982 年春季同时提出这一想法。然而，直到 1986 年杰弗里·辛顿（Geoffrey Hinton）和大卫·鲁梅哈特（David Rumelhart）等学者发表论文时，这一想法才得以解释。这个想法展示了它在神经网络和连接主义人工智能领域的许

❶ Rumelhart D E, Hinton G E, Williams R J. Learning Representations by Back-propagating Errors. Nature, 1986, 323（6088）: 533-536.

❷ Rosenblatt F. Principles of Neurodynamics. New York: Spartan, 1962.

❸ Werbos P J. Beyond regression: New Tools for Prediction and Analysis in the Behavioral Sciences. Doctoral Dissertation Harvard University, 1974.

多应用，并被大量研究人员所接受 ❶。

当前向传播完成并得到误差后，此时的终点则变成了起点。神经网络利用误差反向传播算法将误差从输出层出发，从后向前传递给神经网络中的各个神经元，并且利用梯度下降（gradient descent）的方法对神经网络中的参数进行更新，从而得到一组新的参数。

当得到一组更新后的参数后，此时的神经网络继续从输入层开始前向传播，得到新的一轮误差，然后再进行误差反向传播。随着迭代的不断进行，最终误差将会越来越小，直到满足一定的终止条件时停止迭代，此时得到的神经网络就是最终训练好的模型。

## 5.1.3 其他参数

神经网络通过反向学习，可以自动调节权重、偏置等参数。然而在神经网络中，还有一些超参数（hyperparameter）需要人为控制。比如在训练一个神经网络时，除了权重、偏置以外，下面的参数也是需要了解的：

- 神经网络的层数（如输入层、隐藏层、输出层）
- 每层神经元的个数
- 激活函数的选择
- 学习率
- 终止条件

面对一个数据集搭建神经网络时，首先要做的就是确定网络的层数，除去输入层与输出层外，需要几个隐藏层；确定了隐藏

---

❶ Witaszek J. Backpropagation: Theory, Architectures, and Applications. L. Erlbaum Associates Inc,1995.

层，又面临着各隐藏层需要设置多少个神经元。输入层与输出层的神经元个数，在监督学习中其实已经由数据的特征和标签决定了。在网络层数与神经元个数确定后，激活函数的选择会影响模型的训练效果。图 5-2 为四层神经网络结构。

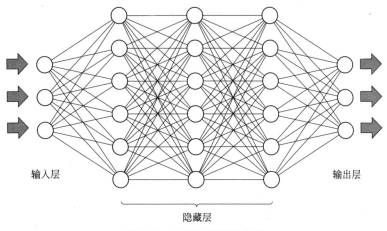

图 5-2　四层神经网络结构

学习率（learning rate）是优化算法中的一个调优参数，它决定了每次迭代的步长，步长影响新获取的信息在多大程度上超越旧信息。学习率设置得较大，虽然收敛速度可能加快，然而有可能会造成在某些地方震荡从而难以获得最优解；学习率设置得较小，则会影响收敛的时间。学习率既可以设置成一个不变的常数，也可以设置成一个变化的函数。

神经网络训练的原理与之前介绍的其他机器学习算法一样，都需要考虑所有的训练数据。前文中介绍的算法是针对单个训练样本更新权重得到的。然而，在 BP 算法实际操作的过程中，期望的参数是以所有训练数据各自的损失函数的总和最小作为目标进行的。

如果考虑 $m$ 个数据而不是单个数据，那么就需要将所有训练数据的损失函数求和，即：

$$E^m = \frac{1}{m} \sum_{i=1}^{m} E_i$$

其中，$E^m$ 表示考虑 $m$ 个数据后的平均损失函数；$E_i$ 代表单个数据训练时的损失函数误差。因此在训练时有两种方法：第一种是每次只对单个样本数据更新参数，第二种则是读取所有训练集数据后再更新参数。两种方法各有利弊。

如果训练的数据量非常大，这种情况下以所有数据进行损失函数的计算是不现实的，因此需要选出部分数据进行训练。选出一组数据进行计算，这组数据通常称为小批量（mini-batch）数据，这种利用一组组小批量数据进行学习的方式称为 mini-batch 学习。

由于 BP 神经网络强大的非线性映射能力，因此过拟合是影响模型泛化能力的重要因素之一。通常会采用早停（early stopping）与正则化（regularization）的方法。

# 5.2 激活函数与损失函数

## 5.2.1 非线性的激活函数

在神经元中，激活函数发挥着重要的作用，它将输入进行了非线性的变换。在现实中，绝大部分事物都以非线性的特征运行，即便是某段时间出现了线性的关系，也极有可能是非线性关系中的流光瞬息。

并且，在神经网络中，由于隐藏层和输出层的神经元中均有激活函数，因此整个神经网络就是诸多非线性函数的组合，从而实现更为复杂的非线性关系的模拟。神经网络的激活函数种类不少，下面介绍几种最常见的激活函数。

（1）阶跃函数

感知机中使用阶跃函数作为激活函数。阶跃函数的公式如下：

$$\Phi(x) = \begin{cases} 0\,(x \leqslant 0) \\ 1\,(x > 0) \end{cases}$$

其图形如图 5-3 所示，当输入超过 0 时，阶跃函数输出为 1，否则输出为 0。

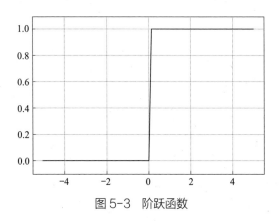

图 5-3　阶跃函数

尽管阶跃函数能够输出 0 或 1 代表神经元兴奋与否，然而其不连续、不光滑等特征导致它并不是一个非常理想的激活函数。

（2）Sigmoid 函数

Sigmoid 函数是神经网络中最常用的一种激活函数。它的公式如下：

$$\Phi(x) = \frac{1}{1 + \mathrm{e}^{-x}}$$

函数图像如图 5-4 所示。

Sigmoid 激活函数有诸多的优点。首先，Sigmoid 激活函数为单调递增函数，并且可以取任何值；其次，它是以概率的形式输

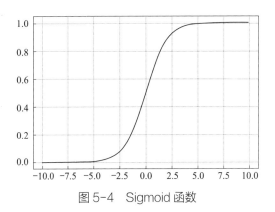

图 5-4 Sigmoid 函数

出结果，函数的值域为 (0, 1)，不像阶跃函数只能返回 0 或 1，这个性质非常重要；最后，该函数的导数简单，$f'(x)=f(x)[1-f(x)]$。然而，Sigmoid 激活函数也有一个缺点，反向传播更新参数时容易出现导数接近 0 的情况，即梯度消失（vanishing gradient）问题，当网络层数增加时，这个问题会变得更为严重。

下面的代码给出了如何定义一个 Sigmoid 函数，并将数值映射到 0 和 1 的区间之内。

```python
import numpy as np
def sigmoid(x):
   y = 1.0/(1+np.exp(-x))
    return y
x = np.arange(-5,6,1)
sigmoid(x)
```

结果如下：

```
array([0.0067, 0.018 , 0.0474, 0.1192, 0.2689, 0.5   ,
0.7311, 0.8808,0.9526, 0.982 , 0.9933])
```

（3）tanh 函数

tanh 函数数学表达式如下：

$$\Phi(x) = \frac{1 - e^{-2x}}{1 + e^{-2x}}$$

其函数图像与 Sigmoid 激活函数有点类似，如图 5-5 所示：

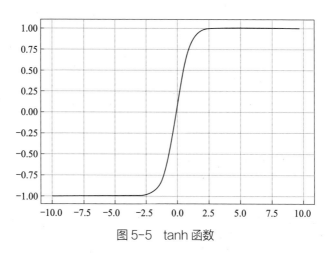

图 5-5　tanh 函数

首先，tanh 激活函数为单调递增函数，并且可以取任何值；其次，函数的值域为 (−1,1)；最后，相比 Sigmoid 激活函数，tanh 激活函数在原点附近的梯度更大，因此实际使用 tanh 激活函数时神经网络更容易收敛。遗憾的是，tanh 激活函数同样面临着梯度消失的问题。

下面的代码给出了如何定义一个 tanh 函数，并将数值映射到 −1 和 1 的区间之内。

```
import numpy as np
def tanh(x):
    y = (np.exp(x) - np.exp(-x)) / (np.exp(x) +
np.exp(-x))
    return y
x = np.arange(-5,6,1)
tanh(x)
```

结果显示：

```
array([-0.9999, -0.9993, -0.9951, -0.964 , -0.7616,  0.,
0.7616,0.964 ,  0.9951,  0.9993,  0.9999])
```

（4）ReLU 函数

ReLU（rectified linear unit）函数是目前使用相对广泛的一种激活函数，数学表达式如下：

$$\Phi(x) = \max(0, x)$$

函数图像如图 5-6 所示：

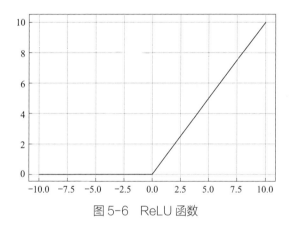

图 5-6　ReLU 函数

当 $x$ 大于等于 0 时，返回的就是数值本身，导数也始终为常数，可以避免梯度消失的问题；当 $x$ 小于 0 时函数为 0，梯度也为 0，这样一来神经网络中部分参数为 0，又可以在某种程度上避免过拟合带来的问题。

下面的代码给出了如何定义一个 ReLU 函数并输入数值求解：

```
import numpy as np
def relu(x):
```

```
    y = np.maximum(0, x)        #比较 0 和 x，并返回较大的数字
    return y
x = np.arange(-5,6,1)
relu(x)
```

结果如下：

```
array([0, 0, 0, 0, 0, 0, 1, 2, 3, 4, 5])
```

（5）Softmax 激活函数

Softmax 激活函数主要针对分类问题，它的输出是不同类别出现的概率大小。其公式如下：

$$p_i = \frac{e^{o_i}}{\sum_{j=1}^{n}e^{o_j}}$$

式中，$n$ 表示输出层有 $n$ 个神经元。

Softmax 激活函数输出的是 0 到 1 之间的实数，$n$ 个数的总和为 1，这是该函数的重要性质。

通过一个例子进一步了解 Softmax 激活函数。比如我们得到了 3 个输出结果，分别为 2、1、−2，则 $n=3$，通过 Softmax 激活函数可以得到它们归属于类别 1、类别 2 和类别 3 的概率分别为 0.7214、0.2654 和 0.0132，则说明结果应该归属于类别 1。

下面的代码给出了 Softmax 函数的定义方式，并将 2、1、−2 等数值作为函数的输入值：

```
import numpy as np
def softmax(x):
    y = np.exp(x) / np.sum(np.exp(x))
    return y
x = [2,1,-2]
softmax(x)
```

结果如下：

```
array([0.7214, 0.2654, 0.0132])
```

## 5.2.2 衡量优劣的损失函数

损失函数衡量神经网络数据拟合程度的优劣，如果损失函数的值越大，则说明拟合的结果越差。它是神经网络设计中最重要环节之一。构建一个合适的损失函数对训练神经网络至关重要。下面介绍两种最常使用的损失函数。

（1）均方误差

均方误差（mean squared error）通过计算输出值与实际值之间距离的平方来反映。假如有 $n$ 个输入数据 $i_1$，$\cdots$，$i_n$，对应的输出数据为 $o_1$，$\cdots o_n$，而真实的标签数据为 $r_1$，$\cdots$，$r_n$。则该模型在 $n$ 个训练数据下的均方误差为：

$$E = \frac{1}{2} \sum_{i=1}^{n} (o_i - r_i)^2$$

（2）交叉熵损失函数

熵是热力学中表征物质状态的参量之一，其物理意义是体系混乱程度的度量。信息论创始人克劳德·埃尔伍德·香农（Claude Elwood Shannon）在 1948 年出版的《通信的数学原理》（*A Mathematical Theory of Communication*）中提出信息熵的概念。一条信息的信息量大小与它的不确定性有直接关系，需要有一个度量的方法。

熵（entropy）是对（随机）数据的不确定性（也称不纯度）的度量，变量的不确定性越大，所需要了解的信息就越多，熵就越大。

信息熵的公式：

$$H(y) = -\sum_{k=1}^{K} p_k \log_2 p_k$$

式中，$p_k$ 表示当前集合中第 $k$ 类样本所占的比率；对数的底为 2 表示信息熵的单位为比特。

通过一个案例加深对信息熵的理解，考虑以下三种情形：

- 情形 1：如果一个盒子中 10 个球全是白球，那么这个问题的信息熵为 0，因为不需要获得额外的信息，就能够知道球一定是白色的。
- 情形 2：如果一个盒子中 10 个球全是黑球，那么这个问题的信息熵为 0，因为不需要获得额外的信息，就能够知道球一定不是白色的。
- 情形 3：如果一个盒子中 10 个球一半是黑球，一半是白球，则此时的信息熵为 1。

根据两种球的不同比例，通过公式计算可以绘制图 5-7。

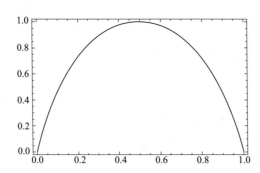

图 5-7　对数的底为 2 时二分类随机变量信息熵

有了信息熵的概念后，交叉熵损失函数公式表示如下：

$$E = \sum_{k=1}^{K} r_k \ln o_k$$

此时是由 Softmax 激活函数得到分类数据，$o_k$ 是神经网络输出的概率结果；$r_k$ 代表正确的标签数据，因此是一个除了正确类别为 1 其余数据均为 0 的数据。

交叉熵（cross entropy）主要用来衡量概率分布间的差异。交叉熵越小，概率分布越接近。在分类的场景下，神经网络最终预测类别的分布概率与实际类别的分布概率差距越小，则模型越好。

在介绍 Softmax 激活函数时，已经介绍了如何将输出层输出的三个值 2、1 和 −2 转换成求和为 1 的三个概率值 0.721、0.266 和 0.013。假如一个识别猫、狗与虎的神经网络标签值与输出值如表 5-1 所示，可以通过交叉熵函数求得损失。

表 5-1　类别的标签值与输出值

|  | 猫 | 狗 | 虎 |
|---|---|---|---|
| 标签值 | 1 | 0 | 0 |
| 输出值 | 0.72 | 0.27 | 0.01 |

那么，此时的交叉熵误差则为：

$$E = - [ 1 \times \ln(0.72) + 0 \times \ln(0.27) + 0 \times \ln(0.01) ]$$
$$= 0.3285$$

# 5.3　神经网络的分类与情感分析

回顾机器学习中有监督学习的内容，如果输出是离散型数值，解决的则是分类问题；如果输出是连续型数值，则面对的是回归问题。

情感分析，目的是挖掘出评论者的正向或负向态度，因此属于二分类问题。让我们看看如何利用神经网络解决分类问题，这里仍以经典的鸢尾花分类为例，下面的代码给出了神经网络对鸢尾花数据的分类分析。

```
# 导入库
from sklearn.datasets import load_iris
from sklearn.model_selection import train_test_split
from sklearn.neural_network import MLPClassifier

# 导入数据
data = load_iris()
X = data.data
y = data.target

# 划分集合
X_train, X_test, y_train, y_test = train_test_split(X,
y, test_size=0.3, random_state=0)

# 训练模型
model = MLPClassifier(solver='lbfgs', hidden_layer_
sizes=(5,), random_state=1,max_iter=10000)
model.fit(X_train, y_train)

train_score = model.score(X_train, y_train)
test_score = model.score(X_test, y_test)
print('训练集的准确率: %f'%train_score)
print('测试集的准确率: %f'%test_score)
```

结果显示:

```
训练集的准确率: 1.000000
测试集的准确率: 0.977778
```

MLPClassifier 中含有一些可以直接利用的参数，比如在 "hidden_layer_sizes" 中可以定义隐藏层的层数以及神经元个数，即括号中的第 $i$ 个元素表示第 $i$ 个隐藏层中的神经元数量。

激活函数方面，有 'identity'、'logistic'、'tanh'、'relu' 等几个选

项，其中默认是 ReLU 激活函数，'identity' 实际上代表线性激活函数，即 $f(x)=x$。

求解方法默认是 "adam"，它指的是一种基于梯度的随机优化器，也可以选择 "lbfgs"，使用拟牛顿法 (quasi-Newton methods) 或使用 "sgd" 随机梯度下降法 ( stochastic gradient descent )。默认求解器 "adam" 在相对较大的数据集 ( 具有数千个或更多的训练样本 ) 上工作得相当好。然而，对于小数据集，"lbfgs" 可以收敛得更快，性能更好。

此外，还有关于学习率、正则化、小批量等方面的参数，这里就不一一介绍了，感兴趣的读者可以参看 Scikit-learn 官网中的相关说明。

既然神经网络能够解决分类问题，当然也就可以用它进行情感分析。通过调用降维后的评论数据进行情感分析。

```python
# 导入库
import pandas as pd
from sklearn.datasets import load_iris
from sklearn.model_selection import train_test_split
from sklearn.neural_network import MLPClassifier

# 导入数据，第一行作为数据而非索引
data = pd.read_csv('comment_1w.csv',header=None)

X = data.iloc[: ,0: 600]
X = X.values

y = data.iloc[: ,600]
y = y.values

# 划分集合
```

```
X_train, X_test, y_train, y_test = train_test_split(X,
y, test_size=0.3, random_state=1)

# 训练模型
model = MLPClassifier(solver='lbfgs', hidden_layer_
sizes=(30, ), random_state=1,max_iter=10000)
model.fit(X_train, y_train)

train_score = model.score(X_train, y_train)
test_score = model.score(X_test, y_test)
print(' 训练集的准确率: %f'%train_score)
print(' 测试集的准确率: %f'%test_score)
```

结果显示:

```
训练集的准确率: 0.972000
测试集的准确率: 0.838333
```

第 **6** 章

# 向量构筑语义空间

6.1 另辟蹊径分布表示

6.2 从 NPLM 到 Word2Vec

6.3 Word2Vec 实践

# 6.1 另辟蹊径分布表示

## 6.1.1 语料库

为了能够让人工智能理解文本，需要将文本以向量的形式进行表达。由于大部分研究始于词，因此将词转为向量实现文本向量转化是一种常见的处理方式。当然，也有直接利用句子或是文本作为向量处理的方式，比如前文中介绍的词袋模型。

文本分析时，还有一种利用语料库（Corpus）的方式"了解"词语含义的方法。语料库顾名思义就是存放语言的仓库，一种海量的文本资源库，是在特定目的下进行收集整理的，因此也是实际中使用过的语言资料，如专门用于研究自然语言处理的语料库等，就包含了大量有关自然语言处理的相关知识。

语料库被用来做统计分析和假设检验，检查在特定语言领域内发生的事件或验证语言规则。一些语料库为了研究的便利，通常涉及一些如词性标注的功能，甚至为了便于操作处理，语料库还会呈现结构化的形式。语料库的种类众多，比如国家语言文字工作委员会（简称"国家语委"）现代汉语语料库、维基百科、一些经典的文学作品等。

布朗语料库（Brown corpus）是美国英语的首个文本语料库，它取自不同主题的报纸文本、书籍以及政府文件，包含1014312个单词的它主要用于语言建模。该语料库最初由布朗大学语言学系的亨利·库切拉（Henry Kučera）和W. 纳尔逊·弗朗西斯（W. Nelson Francis）于1963 ~ 1964年发布。1967年，他们出版了经典著作《现代美国英语的计算分析》（*Computational Analysis of Present-Day American English*），其中提供了布朗语料库的基本统计数据。原始

语料库 (1961 年 ) 包含 1014312 个单词，样本来自 15 个文本类别，如报告文学、社论、宗教、技能、爱好、学术、小说等。

国内也有一些比较著名的语料库，如国家语委现代汉语通用平衡语料库、北京语言大学语料库中心 BCC 语料库、清华 TH 语料库、北京大学 CCL 语料库和人民日报标注语料库等，感兴趣的读者可以进一步查阅其他资料。

## 6.1.2　分布式假说

在拥有了庞大语料的情况下，有一个非常重要的概念需要提及，那就是分布式假说( distributional hypothesis )。分布式假说源于语言用法的语义理论，它的核心思想是在同一语境中使用和出现的词语往往具有相似的含义，也就是词所处的语境决定了该词的语义。❶❷❸

分布式假说是统计语义学的基础。虽然分布式假说起源于语言学，但它现在正受到认知科学的关注。

分布语义倾向于使用线性代数作为计算工具和表示框架。基本的方法是收集高维向量中的分布信息，然后根据向量相似度定义语义相似度。

比如"我喝咖啡""我喝酒"或者"我喝茶"，在"喝"的后面常常伴随着酒水茶饮等。如果出现"我品咖啡""我品酒"或者"我品茶"，则可以大致推断出这里的"品"与"喝"是同义词。

将某词语前后词语的大小定义为窗口大小( windows size )。以下面句子中的"工科"一词为例，假如窗口大小为 1，则包含"工科"前

---

❶ Firth J R. A Synopsis of Linguistic Theory 1930-1955. Studies in Linguistic Analysis,1957.

❷ Harris Z. Distributional structure. Word,1954，10(23): 146-162.

❸ Weaver W. Translation. In W.N. Locke and D.A. Booth (eds.), Machine Translation of Languages, Cambridge, MA: MIT Press，1955.

后各 1 个单词，如果窗口为 2，则包含"工科"前后各 2 个单词。

我学 工科 而你学文科。

在分布式假设和窗口大小等相关概念下，如果要将词表示成向量，一种最直接的方式就是对该词周边的词进行计数，这种方法与之前词典的方式明显不同，属于统计的范畴。

仍以"我学工科而你学文科"为例，假如这句话构成了一个 6 个词语的语料库，在窗口大小为 1 的情况下，以"我"开始计算其前后的词语，词语"我"的前后词语中仅有"学"这个词语，则"我"的前后出现的词语数如表 6-1 所示：

表 6-1 "我"的上下文词语频数

|  | 我 | 学 | 工科 | 而 | 你 | 文科 |
|---|---|---|---|---|---|---|
| 我 | 0 | 1 | 0 | 0 | 0 | 0 |

也就是说，词"我"可以利用向量 [0, 1, 0, 0, 0, 0] 进行表示。

下面对"学"进行同样的操作，因为在"学"的前后，分别有"我""工科""你"和"文科"，其结果如表 6-2 所示：

表 6-2 "学"的上下文词语频数

|  | 我 | 学 | 工科 | 而 | 你 | 文科 |
|---|---|---|---|---|---|---|
| 学 | 1 | 0 | 1 | 0 | 1 | 1 |

所以，单词"学"可以用向量 [1, 0, 1, 0, 1, 1] 表示。对所有的词语进行上述操作，可以得到如下的共生矩阵（co-occurrence matrix）。无论语料库的大小，人工智能技术都很容易给出共生矩阵，如表 6-3 所示。

表 6-3 共生矩阵

|  | 我 | 学 | 工科 | 而 | 你 | 文科 |
|---|---|---|---|---|---|---|
| 我 | 0 | 1 | 0 | 0 | 0 | 0 |
| 学 | 1 | 0 | 1 | 0 | 1 | 1 |
| 工科 | 0 | 1 | 0 | 1 | 0 | 0 |

|  | 我 | 学 | 工科 | 而 | 你 | 文科 |
|---|---|---|---|---|---|---|
| 而 | 0 | 0 | 1 | 0 | 1 | 0 |
| 你 | 0 | 1 | 0 | 1 | 0 | 0 |
| 文科 | 0 | 1 | 0 | 0 | 0 | 0 |

利用共生矩阵，可以将词语用向量的形式表示。思考这种共生矩阵的表示方法有没有什么问题？比如说，如果在一个语料库中，经常出现"这种知识"的语句，则"这种"和"知识"的共生的次数会很大，实际上，"人工智能"和"知识"存在很强的关联，但是同时出现的频率要低。

为了克服这种情况，有学者又提出了点间互信息（pointwise mutual information，简称 PMI）的概念及正 PMI 矩阵，感兴趣的读者可以参考其他相关资料。值得注意的是，无论是共生矩阵还是正 PMI 矩阵，最大的问题就是随着语料库中词语的增加，维度也随着变大，并且大部分元素为 0，这些都会对分析造成很大影响，因此，降维的作用就不可以忽视。

衡量向量之间相似度的方法有很多，比如内积、距离等，这里介绍一种常用的从方向上衡量向量相似度的方法——余弦相似度，假如有两个向量 $x$ 和 $y$，它们余弦相似度的计算公式如下：

$$余弦相似度 = \frac{x_1 y_1 + \cdots + x_n y_n}{\sqrt{x_1^2 + \cdots + x_n^2} \sqrt{y_1^2 + \cdots + y_n^2}}$$

其中，$x=(x_1, \cdots, x_n)$，$y=(y_1, \cdots, y_n)$。

余弦相似度可以很直观地反映出两个向量在多大程度上指向同一个方向，如果两个向量完全指向相同方向，余弦相似度则为 1，当方向完全相反时，余弦相似度则为 -1。

共生矩阵和正 PMI 矩阵在学习时，都需要对全部语料数据进行学习。另外，它们没有考虑语义和语序的问题。这里介绍一种利用神经网络进行部分数据学习的方法，由于是学习部分数据，因此涉及到预测的概念。

# 6.2 从 NPLM 到 Word2Vec

## 6.2.1 NPLM 模型

前文介绍了将文本转换为向量的几种方式，然而这些方式的缺点之一就是随着词语的增多，维度增加，加大了分析的难度。

而无论多大的词语量，利用统计语言建模，可以实现将所有的词语向量均固定在一个较小的维度上，即词语的向量与词汇量的大小无关。

统计语言建模的一个目标就是要学习语言中词语序列的联合概率函数，然而由于存在维度诅咒等因素，这种做法的效果并不是很好。因此，一些学者也提出了相应的解决方案。

杰弗里·辛顿曾在 1986 年发表了《学习概念的分布式表示》（*Learning Distributed Representations of Concepts*）一文，其中提出，用一个具有固定长度的向量来代表一个词，然而，由于那个时段恰逢神经网络的低谷期，因此并没有引起太多的关注 ❶。2000年，约书亚·本吉奥（Joshua Bengio）建议通过学习单词的分布式表征来解决维度诅咒。❷❸❹

---

❶ Hinton G E. Learning Distributed Representations of Concepts. Proceedings of the Eighth Annual Conference of the Cognitive Science Society,1986.

❷ Bengio Y, Ducharme R, Vincent P. A Neural Probabilistic Language Model. Journal of Machine Learning Research, 2000, 3: 932-938.

❸ Bengio Y, Ducharme R, Vincent P. A Neural Probabilistic Language Model. Advances in Neural Information Processing Systems 13, Papers from Neural Information Processing Systems (NIPS), 2000.

❹ Bengio Y, Ducharme R, Vincent P, et al. A Neural Probabilistic Language Model. Journal of Machine Learning Research, 2003.

NPLM（Neural Probabilistic Language Model）模型是基于神经网络的语言模型，然而了解 NPLM 模型，需从自然语言处理中的一个重要模型谈起。考虑下面这句话：

水的温度变____了。

这句话需要预测下划线上的词语。也就是根据"水""的""温度""变"这 4 个词语对下划线上的内容进行预测。通过利用大量的词语学习，可以得出下划线中内容的概率。这种建模的方式在自然语言处理中称为 N-gram 模型，即根据一个词语的前 $n$ 个词语进行预测。

N-gram 模型假设一个词语的出现与其前面 $n$ 个词语相关，因此就可以根据这 $n$ 个单词进行预测。相信细心的读者发现，其实这就是一个映射函数，该函数要做的就是前 $n$ 个词语输入，第 $n+1$ 个词语输出，即

$$f(w_1, \ldots, w_n) = w_{n+1}$$

在上面的例子中，由于是用 4 个词语进行预测，因此也称为 4-gram 模型。很明显"水的温度变高了"这句话在语法上是有前后顺序的，"高"不能放到"变"的前面。

| 水 | 的 | 温度 | 变 | 高 | 了 |
|---|---|---|---|---|---|
| $w_1$ | $w_2$ | $w_3$ | $w_4$ | $w_5$ | $w_6$ |

另外，预测 $w_5$ 这个词需要涉及条件概率的概念，即存在一种概率为 $P(w_5=$ 高 $\mid w_1=$ 水，$w_2=$ 的，$w_3=$ 温度，$w_4=$ 变 $)$。

N-gram 模型有两个优势：一是简单性，二是可伸缩性强，即 $n$ 越大，模型存储的上下文就越多。

很容易想到，如果 $n$ 设置得很大，模型能够预测的准确率将可能得到提升，比如说"水的温度变____了"中，下划线有可能是"低"。但是当前面再加上几个词，构成新的句子"当把常温的水加热时，水的温度变____了"时，很容易预测出下一个词语是"高"。

随着 $n$ 的增加，模型的运行速度也会相应变慢。因此一般情况下将 $n$ 设置为 2 或者 3，也称 2-gram 模型或 3-gram 模型。

汽油宝贵，但它却是石油冶炼时的副产品。NPLM 训练时，也会产生非常有用的副产品——词向量。

以下简单地介绍 NPLM 模型训练时产生词向量的原理。以 3-gram 模型为例。此时，神经网络的输入层神经元为 3 个，一个单元数为 5 的隐藏层（神经元数可自定义），输出层为 1 个神经元，如图 6-1 所示。

图中的词语依次在输入层向上移动，每 3 个词语作为输入，输出为这 3 个词语的下一个词（标签）。

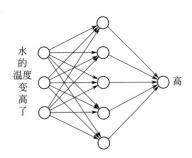

图 6-1 NPLM 网络结构

那么，如何将词语作为神经网络的输入？在 NPLM 模型中，单词是以独热编码作为输入方式的。其实在图 6-1 中，每一个输入单元中都有玄机，在该单元内有两层神经元，一层为某词语的独热编码，该层维度与语料库中词的数量相同；另一层神经元是人为设置个数。当 NPLM 模型被训练好后，某词的神经网络的权重即为该词的词向量，如图 6-2 所示。

## 6.2.2 Word2Vec

在自然语言处理中，词嵌入（word embedding）是语言模

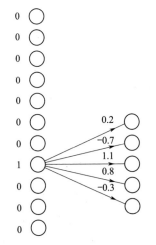

图 6-2 "副产品" 词向量

型与表征学习的一种技术。词嵌入可以将一个维数为所有词数量的高维空间嵌入到维数更低的连续向量空间中，能够做到每个词语都可以被映射成一个维数不高的向量。

这种词嵌入的映射方法包括神经网络、词共生矩阵降维、概率模型等。词嵌入的方式可以大幅度提升文本情感分析的效果。

山姆·T. 罗维斯（Sam T. Roweis）和劳伦斯·K. 索尔（Lawrence K. Saul）在《科学》杂志上发表了如何使用"局部线性嵌入"(locally linear embedding，简称 LLE) 来发现高维数据结构的表示 ❶。从约书亚·本吉奥和他的同事们做了一些基础工作以来，2005 年以后的大多数新词嵌入技术都依赖于神经网络架构，而不是概率和代数模型。

在 2010 年前后，随着词嵌入领域埋论的研究取得突飞猛进的进展，以及硬件的进步，该方法被许多研究小组采用，为有益地探索更广泛的参数空间提供了条件。2013 年，由托马斯·米科洛维（Tomas Mikolov）领导的谷歌团队创建了 Word2Vec 进行词嵌入，这种方法比之前的方法能够更快地训练向量空间模型，使得从大型语料库中学习单词向量成为可能。Word2Vec 包括两种模型：连续词袋（continuous bag-of-words，简称为 CBOW）模型和 Skip-gram 模型。

NPLM 模型（前文）是利用前 $n$ 个词预测第 $n+1$ 个词，如图 6-3 第一行的情形所示。那么能否如图 6-3 第二行与第三行所示，利用某词的前后词语又或是通过某词预测它前后的词呢？答案是肯定的。

CBOW 模型是用某词的前 $n$ 个与后 $n$ 个词（前后文）来预测该词。如图 6-3 所示，CBOW 网络包括输入层、投影层（projection

---

❶ Roweis S T, Saul L K. Nonlinear Dimensionality Reduction by Locally Linear Embedding. Science, 2000, 290 (5500): 2323.

layer）和输出层。投影层将输入层的 $2n$ 个向量进行累加求和，这种操作使得运算速度得到了大幅提升。

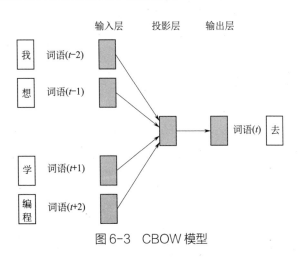

图6-3　CBOW 模型

Skip-gram 模型是一种从中心词预测周边词的方法，输入中心词的词向量，输出的是周边词的词向量，通过这种学习，模型学会了在网络中的某个词周围可能会出现什么词。

这种方式正好与 CBOW 模型相反。Skip-gram 模型也包含输入层、投影层和输出层，如图 6-4 所示。

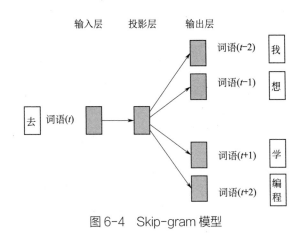

图6-4　Skip-gram 模型

情感分析：人工智能如何洞察心理

图 6-5 给出了 NPLM、CBOW 和 Skip-gram 模型预测对比结果，从图中可以很容易看出不同模型下词语预测原理的不同。图 6-5 中每行分别代表不同的模型，其目的均是利用深色背景的词语预测带有"？"的词语。

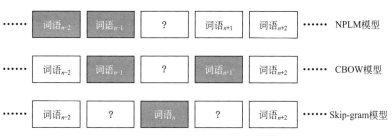

图 6-5　NPLM、CBOW 和 Skip-gram 模型预测对比

通过训练，某种语言中的每个词都被映射成一个固定长度且维度不高的向量。所有的这些向量在一起就构成了一个词向量空间。每个词是这个空间中的一个点，因此，可以通过空间中点的距离来判断词的语义等。比如一个空间中有 $m$ 个点，分别计算某点与其他 $m-1$ 个点之间的欧式距离。

与该点距离最近的单词应该与该词在某种语义上相近。在自然语言处理中，词向量及其优劣等也并不是唯一的，取决于训练语料、训练算法和词向量的长度等因素。在向量空间中，不同的语言有许多共同点，如果可以实现一个向量空间到另一个向量空间的映射和转换，就很容易实现语言翻译。

利用词嵌入技术，可以进行机器翻译。将英语和西班牙语分别训练，得到相应的词向量空间。从英语中取 5 个词 one、two、three、four、five，为了可视化，利用主成分分析进行降维，并将这五个点画在一个二维平面上。

在西班牙语中提取出 uno、dos、tres、cuatro、cinco 等 5 个词（这 5 个词分别代表一、二、三、四、五的含义），同样使用主成分降维后画出这 5 个点，将它们画在一个二维平面上。如图 6-6 所示，可以发现，两个向量空间中的 5 个词其相对位置是相似的，说明两种不同语言所对应的向量空间的结构是相似的，这进一步说明用距离来描述词向量空间中词的相似性的合理性。

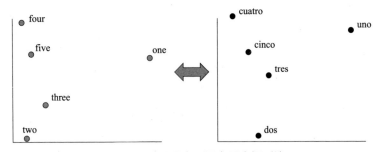

图 6-6　不同语言下词向量空间对比

经过 Word2Vec 得到的词向量不仅可以反映出语义上的相似性，还可以利用向量之间的差反映出语义中的抽象关系。比如，当用"国王"的向量加上"女人"的向量，然后减去"男人"的向量时，得到的结果与"王后"的向量非常相似，如图 6-7 所示。

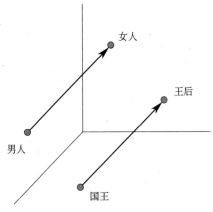

图 6-7　国王 - 男人 ≈ 王后 - 女人

　情感分析：人工智能如何洞察心理

之所以存在这样的类比情况，主要是基于词语在不同的文本中所代表的含义基本相同。因此，当训练的样本量足够大时，甚至有时会远超一个人一生的阅读极限，此时，统计规律就会发挥出其巨大的作用，Word2Vec 模型会将不同文本中语义相同的词语映射到向量空间邻近的位置。

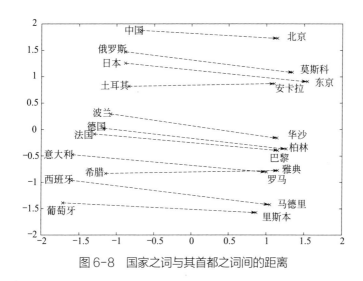

图 6-8　国家之词与其首都之词间的距离

图 6-8 为经过训练后一些国家的词及其首都的词之间的距离，对于很多国家和城市来说都是正确的[1]。

还有研究表明，训练词向量时还捕获到了文本数据中的偏见，一个经典的案例是，有一个类比问题："男士之于女士，就如同计算机程序员之于 _____ ？"如果你用谷歌提供的词向量来解决这个问题，那么答案是：家庭主妇[2]。这就说明，在人类的发展过

---

❶ Mikolov  T, Sutskever  I, Chen K, et al. Distributed Representations of Words and Phrases and their Compositionality. NIPS,2013.

❷ Bolukbasi T. Man Is to Computer Programmer as Woman Is to Homemaker? Debiasing Word Embeddings. Advances in Neural Information Processing Systems 2016, 29：4349-4357.

程中，很多数据都已经留下了人们偏见的烙印，因此，在使用人工智能技术获取数据的同时，一定要注意数据中那些已经产生如偏见这样涉及伦理问题的因素，幸运的是，一些研究人员已经开始研究如何消除偏见的算法。❶

# 6.3　Word2Vec 实践

在自然语言处理领域中，文本向量化是文本表示的一种重要方式。在当前阶段，对文本的大部分研究都是通过词向量化实现的，之前介绍的词袋模型是最早的以词语为基本处理单元的文本向量化算法。所谓的词袋模型就是借助于词典把文本转化为一组向量，此向量的构建是根据该词在词典出现的次数而构成的，但是此向量与文本中单词出现的顺序没有关系，只是一种频率的表示，该方法容易实现，但是有很大的问题：

·第一个问题就是维数灾难：假如词典包含 10000 个单词，那么每个文本需要使用 10000 维的向量表示，那么向量的很多位置必定是 0，如此稀疏的高维向量会严重影响计算速度。

·第二个问题就是构成的向量无法保存词序信息，而词序对于自然语言处理又是非常重要的。

## 6.3.1　"女人－男人＝王后－国王"的三国解读

Word2Vec 是 Google 推出的一个开源的词向量计算工具，它被内嵌到了 gensim 库里。它可以利用神经网络，从大量的无标注的文本中，提取有用的信息。在本节中，将调用 Word2Vec，在自

---

❶ Sutton A, Lansdall W T, Cristianini N. Biased Embeddings from Wild Data: Measuring, Understanding and Removing. Advances in Intelligent Data Analysis ⅩⅦ, 2018.

己选定的语料库上训练词向量。选择《三国演义》这本小说作为语料库，来训练 Word2Vec 模型。

（1）安装 gensim 库

可以使用下方命令安装 gensim 库。

```
# 安装 gensim 库
!pip install gensim
```

（2）加载必要的库

还需要加载一些必要的库，分别是 Word2Vec 的相关库，以及 jieba 中文分词库。

```
# 加载必要的库
# 加载 Word2Vec 的相关库
import gensim as gensim
from gensim.models import Word2Vec

# 加载 jieba 中文分词库
import jieba
```

（3）使用 jieba 库进行分词

接下来读入《三国演义》文本文件，并进行分词，形成一句一句的语料，一行一行地读入文件，利用行将文章分成"句子"，然后使用 jieba 库对句子进行分词，并去除停用词，存放到列表中，最后将所有句子分词后得到的列表放到文章列表中。

```
# 读入文件、分词，形成一句一句的语料
f = open("sanguo.txt", 'r')
punctuation = set()
# 遍历停用词文件的每一行，删除字符串头和尾的空白字符（包括 \n、
\r、\t）加到列表里
```

```
stopwords = [line.strip() for line in open('ting.
txt','r').readlines()]
#集合更新，将要传入的元素拆分，作为个体传入到集合中
punctuation.update(stopwords)

# 分词，并过滤停用词
lines=[]
for line in f:
    temp = jieba.lcut(line)
    words = []
    for word in temp:
        #如果这个单词不在列表中
        if word not in punctuation:
            #将这个词放到新的文本列表中
            words.append(word)
    lines.append(words)
```

（4）调用 Word2Vec 的算法进行训练

调用 Word2Vec 的算法对语料库进行训练，并找出和"孔明"最相近的 20 个词向量。在进行训练的参数中，lines 是输入的已经变成列表的单词；size 为拟嵌入向量的维度；window 表示上下文窗口大小，也就是 N-gram 模型中的 N；min_count 为保留最少低频词的数量，如果等于 0 就意味着将计算所有词的词向量，无论它的出现次数是多少。

```
# 调用 Word2Vec 的算法进行训练。
# 参数分别为：size（嵌入后的词向量维度）；window（上下文的宽
度）；min_count 为考虑计算的单词的最低词频阈值
model = Word2Vec(lines,vector_size = 60, window = 2 ,
min_count = 3)
model.wv.most_similar(' 孔明 ', topn = 20)
```

执行代码后，输出结果如下所示。

```
[('关公', 0.9950997829437256),
 ('张飞', 0.9925398230552673),
 ('曹操', 0.9914540648460388),
 ('先主', 0.9899284243583679),
 ('荆州', 0.9898029565811157),
 ('云长', 0.9886559247970581),
 ('周瑜', 0.9885246753692627),
 ('赵云', 0.9883044958114624),
 ('姜维', 0.9881377816200256),
 ('孙权', 0.9873135685920715),
 ('玄德', 0.9872389435768127),
 ('马超', 0.9870175719261169),
 ('孟获', 0.986951470375061),
 ('钟会', 0.9863980412483215),
 ('魏延', 0.9863253235816956),
 ('吕布', 0.9861069321632385),
 ('袁绍', 0.986087441444397),
 ('夫人', 0.9860198497772217),
 ('司马懿', 0.9859724640846252),
 ('周善', 0.9855282306671143)]
```

词后面的数字表示相似度。可以看到，与"孔明"最相近的 20 个词中，确实包含了很多与"孔明"比较相关的词。

（5）将词向量投影到二维空间

还可以使用降低维度的技术以及可视化的技术将训练好的词向量投影到二维空间，而且可以选取几个有明显"三国"特征的词进行展示，例如"孙权""刘备""曹操""周瑜""诸葛亮""司马懿""汉献帝"等词，结果如图 6-9 所示。

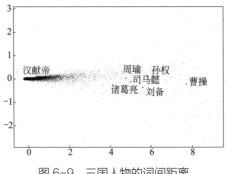

图 6-9　三国人物的词间距离

可以看到，大部分词语堆到了左边，选出的几个有明显"三国"特征的词则散布在中间，这是一个比较奇怪的分布，可能是因为语料库太小，或者是对词语的预处理工作还需要加强，比如将简单的去除符号替换为去停用词。

（6）进行类比关系实验

同样，可以使用自己训练的词向量，进行类比关系实验，利用两个向量的差来反映语义中的抽象关系。可以先利用自己训练的词向量来验证"赵云 - 孔明＝？ - 曹操"这一关系。

```
# 赵云 - 孔明＝？ - 曹操
words = model.wv.most_similar(positive=[' 赵 云 ', ' 曹
操 '], negative=[' 孔明 '])
words
```

**执行代码后，输出结果如下所示。**

```
[(' 许褚 ', 0.9942625761032104),
 (' 夏侯惇 ', 0.9932490587234497),
 (' 徐晃 ', 0.9931110143661499),
 (' 邓艾 ', 0.9929419159889221),
 (' 苞 ', 0.9925491213798523),
 (' 周瑜 ', 0.992525041103363),
```

```
('甘宁', 0.9924244284629822),
('曹仁', 0.9923860430717468),
('出马', 0.992322564125061),
('马岱', 0.992306649684906)]
```

可以看到，结果中确实出现了很多魏国中比较重要的武将，说明训练的词向量也能反映语义中的抽象关系。

可以再利用自己训练的词向量来验证"曹操－魏＝？－蜀"这一关系。

```
# 曹操－魏＝？－蜀
words = model.wv.most_similar(positive=['曹操', '蜀'],
negative=['魏'])
words
```

执行代码后，输出结果如下所示。

```
[('玄德', 0.9695444703102112),
 ('孔明', 0.9687190651893616),
 ('关公', 0.9620009064674377),
 ('张飞', 0.9618087410926819),
 ('赵云', 0.9602771997451782),
 ('前', 0.9593985676765442),
 ('垓', 0.9585484862327576),
 ('周瑜', 0.9584768414497375),
 ('后', 0.9583568572998047),
 ('栅', 0.9579514861106873)]
```

使用了 Word2Vec 词向量工具，在自己选择的语料库上进行了训练，并利用训练好的词向量做了一些推理和应用，但其实语料库规模还是比较小，功能比较单一，不能像大型语料库那样精准地表达一些关系，读者可以尝试将语料库做得更加丰富，来进行一定的分析和应用。

## 6.3.2　词汇的星空

　　之前利用 Word2Vec 技术，将《三国演义》这本小说作为语料库，训练了自己的词向量，并进行了一些简单的推理。但是由于语料库太小，只能针对比较有特点的词语关系进行推理。

　　在《深度学习原理与 Pytorch 实战》这本书中，作者提供了一个在大语料库上训练好的词向量 vectors.bin，该中文词向量库由尹相志老师提供，训练语料来源主要有微博、《人民日报》等，包含了 1366130 个词向量。接下来将对这些质量较高的词向量进行分析与应用。

　　首先加载所需的库。

```
# 加载必要的程序包
# 数值运算和绘图的程序包
import numpy as np
# 加载 Word2Vec 的软件包
import gensim as gensim
from gensim.models import Word2Vec
from gensim.models.keyedvectors import KeyedVectors
```

　　接下来加载在大语料库上训练好的词向量。

```
# 加载词向量
word_vectors = KeyedVectors.load_word2vec_
format('vectors.bin', binary=True, unicode_
errors='ignore')

# 显示词向量数量
print(len(word_vectors.index_to_key))
```

　　执行代码后，输出结果如下所示。

```
1366130
```

可以看到，这个语料库中包含了 1366130 个词向量，接下来将使用这些优质的词向量，来进行一些简单的推理。

先做一下相近词的推理，比如列出与"数学"最相近的 20 个词。

```
# 查看相似词
word_vectors.most_similar(' 数学 ', topn = 20)
```

执行代码后，输出结果如下所示。

```
[(' 语文 ', 0.7644305229187012),
 (' 学数学 ', 0.7365185618400574),
 (' 数学物理 ', 0.7302066087722778),
 (' 微积分 ', 0.7283502817153931),
 (' 数理化 ', 0.7267075777053833),
 (' 英语 ', 0.7210994362831116),
 (' 高等数学 ', 0.6682518720626831),
 (' 奥数 ', 0.6568552255630493),
 (' 代数 ', 0.6556204557418823),
 (' 物理学 ', 0.6504802107810974),
 (' 物理 ', 0.643122673034668),
 (' 文科生 ', 0.6416510343551636),
 (' 外语 ', 0.6416425704956055),
 (' 高中数学 ', 0.6382108926773071),
 (' 学科 ', 0.6367801427841187),
 (' 理科生 ', 0.6274810433387756),
 (' 专业课 ', 0.6203989386558533),
 (' 文综 ', 0.6167946457862854),
 (' 数学知识 ', 0.6167314648628235),
 (' 学科知识 ', 0.6122681498527527)]
```

其中，词后面的数字表示相似度。可以看到，与"数学"最相近的 20 个词中，"语文"排到了首位，还有一些确实和数学比较相关的词也出现在了结果中。

通过Word2Vec技术得到的词向量不仅可以反映语义上的相似性，还能利用两个向量的差来反映语义中的抽象关系，例如"女人－男人＝皇后－国王"以及"刘备－诸葛亮＝李世民－魏征"等。还能找到很多类似的关系，如国家之间的关系：北京－中国＝？－日本。

```
#北京－中国＝？－日本
words = word_vectors.most_similar(positive=[' 北京 ', '
日本 '], negative=[' 中国 '])
words
```

执行代码后，输出结果如下所示。

```
[(' 东京 ', 0.6759355068206787),
 (' 京都 ', 0.6116690039634705),
 (' 北海道 ', 0.5339069366455078),
 (' 上海 ', 0.5326801538467407),
 (' 台北 ', 0.5314291715621948),
 (' 福冈 ', 0.5235508680343628),
 (' 首尔 ', 0.521551251411438),
 (' 名古屋 ', 0.506797194480896),
 (' 天津 ', 0.5052555203437805),
 (' 町 ', 0.4913581609725952)]
```

还可以看一下学科之间的关系：微积分－数学＝？－物理。

```
# 微积分－数学＝？－物理
words = word_vectors.most_similar(positive=[' 微积分 ', '
物理 '], negative=[' 数学 '])
words
```

执行代码后，输出结果如下所示。

```
[(' 量子力学 ', 0.5894597768783569),
```

```
('力学', 0.5873723030090332),
('原理', 0.5765559077262878),
('原子', 0.5763556957244873),
('物理化学', 0.5684398412704468),
('方程', 0.5636927485466003),
('物理学', 0.5620419979095459),
('量子场论', 0.56029212474823),
('几何学', 0.556033730506897),
('非线性', 0.5513882637023926)]
```

除此之外，还可以利用可视化技术，绘制"词汇星空图"，并选出"北京""数学""三国演义"这几个词，将这些词以及与这些词相近的词展现在"星空图"上，星空图如图 6-10 所示。

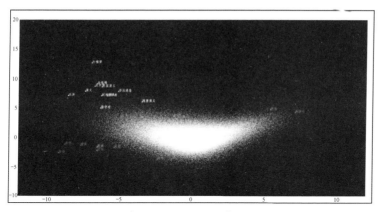

图 6-10　词汇星空图

星空图仿佛一个个词组成的"星系"一般，选出来的词散落在空间中，与其相似的词被相同的颜色标示了出来。

通过"词汇星空图"，看到了词之间的关系，而且这些关系与我们对这些词的认知基本相符，因此，这些词向量揭示了大规模语料库中深层次的语义信息。

Word2Vec 是一个非常好用的词向量工具，既可以用它在大规模语料库上进行超高速的训练，又可以用别人训练好的词向量做各种各样的推理和应用。

事实上，在训练 Word2Vec 模型的时候，给模型的训练数据量很可能已经远远超过了一个人一生所能读的书的数量极限。在大量样本下，统计规律就会发挥重要的作用。

那么在大量样本的训练下，词向量能够把握语言在统计规律下的本质。正因为词向量具有这些性质，因此，它不仅可以作为自然语言处理中的词语转化工具，而且可以作为我们认识和了解世界的工具。

第 **7** 章

# 深情厚意咬文嚼字

7.1　循环神经网络

7.2　LSTM

7.3　循环神经网络与情感分析

# 7.1 循环神经网络

## 7.1.1 循环神经网络原理

前文中介绍的神经网络属于前馈型神经网络（feedforward neural network）。前馈神经网络是一种信息只向一个方向移动的人工神经网络，如信息从输入层，通过隐藏层，再到输出层。这种结构上较为简单的前馈型神经网络被用在诸多领域，前文中已做了较为详细的介绍，然而，这种网络结构无法很好地处理那些时间序列数据。

一听到时间序列数据，很多人脑海中闪现出股票价格、经济指标等这样的时序数据，其实文本、语言等这样的数据也属于时间序列数据的范畴。

循环神经网络（recurrent neural network，简称 RNN）是基于约翰·霍普菲尔德 1982 年提出的霍普菲尔德网络模型而来。它是另一种类型的人工神经网络，其中节点之间的连接沿时间序列形成，这与之前介绍的多层感知机以及卷积神经网络（关于卷积神经网络的具体内容参考丛书分册《视觉感知：深度学习如何知图辨物》）不同，因此 RNN 具备时间动态行为的特征。

还有一种神经网络也称为 RNN，即结构递归神经网络（recursive neural network）。时间递归神经网络的神经元间连接构成有向图，而结构递归神经网络利用相似的神经网络结构递归构造更为复杂的树结构深度网络。如无特别说明，本书在提及 RNN 时，均指循环神经网络。

由于具有处理时序数据的优势，循环神经网络可以处理文字、声音以及其他场景中需要考虑顺序问题的模型，如语音模型、文本分析、情感分析等自然语言处理、手写识别等图像处理等。这里以文本时序为例做一个简要说明，考虑下面的语句：

我看到一架飞机刚刚起<u>飞</u>。

生鸡蛋　鸡生蛋　蛋生鸡　生蛋鸡

第一句话很容易在前面的语义中判断出有很高的可能性是"飞"字，先有"起"，再有"飞"。第二句中，每个词拥有完全相同的字符，但是因为顺序不同，则意义不完全相同。从以上的两句话可以看出，在文本分析时，位置是一个很关键的因素。

图 7-1 是只含有一个隐藏层的循环神经网络模型，如果不看粗的弧线，那么这个网络就是一个前馈型神经网络。循环神经网络的不同之处在于同一个层之间的环形连接，信息在传递的过程中能够在网络中长期保留，相比于前馈神经网络，相当于拥有了"记忆"功能。

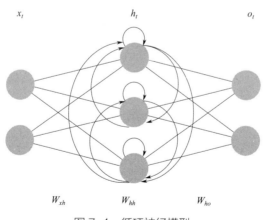

图 7-1　循环神经模型

图 7-1 中 $W_{xh}$、$W_{hh}$ 和 $W_{ho}$ 分别代表输入层到隐藏层、隐藏层到隐藏层、隐藏层到输出层的权重，$x$、$h$ 和 $o$ 均为神经网络的变量，其中它们右下角的 $t$ 表示时序。

循环神经网络运行的前向步骤大致如下 ❶：

- 数据 $x_t$ 导入至输入层。

- 输入层直接输出的数据 $x_t$ 与权重 $W_{xh}$ 结合成数据 $W_{xh}x_t$ 传入至隐藏层。

- 隐藏层将经激活函数处理完成的数据 $h_t$ 向输出层传递，其中，激活函数需要处理两类数据 ❷：第一类是输入层的数据输入 $W_{xh}x_t$；第二类是上一时刻的数据输入 $W_{hh}h_{t-1}$。

- 数据 $h_t$ 与权重 $W_{ho}$ 结合成数据 $W_{ho}h_t$ 传入至输出层。

- 输出层将数据 $W_{hy}h_t$ 经激活函数处理完成后输出数据 $o_t$ ❸。

## 7.1.2 循环神经网络实践

上文介绍了循环神经网络的原理，下面利用 PyTorch 对标准 RNN 的内部计算过程进行解释说明。图 7-2 给出了标准 RNN 的示意图。

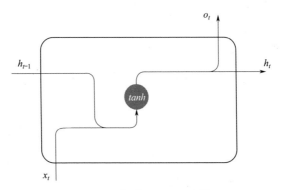

图 7-2　标准 RNN 示意图

---

❶ 反向操作超出了本书范围，这里不做讨论，感兴趣的读者可以参考其他相关书籍。

❷ $h_t = \sigma(W_{xh}X_t + W_{hh}h_{t-1})$，其中 $\sigma(\cdot)$ 代表 Sigmoid 激活函数。

❸ $o_t = \sigma(W_{hy}h_t)$。

上图中 $h_t$ 的公式如下所示：

$$h_t = tanh(W_{xh}x_t + b_{ih} + W_{hh}h_{t-1} + b_{hh})$$

式中，$tanh()$ 代表双曲正切函数；$b_{ih}$ 和 $b_{hh}$ 代表偏置。

在 PyTorch 中使用 nn.RNN( ) 函数实现对标准 RNN 的调用，下面针对涉及的参数做一个简单的介绍：

- input_size 表示输入 $x$ 中预期的特征维度。

- hidden_size 表示隐藏状态 $h$ 中的特征维度。

- num_layers：循环层的数量。比如当为 2 时，则意味着将两个 RNN 叠加在一起，形成一个堆叠的 RNN，第二个 RNN 接收第一个 RNN 的输出并计算最终结果，默认情况下为 1。

- 在非线性激活函数上，默认是 $tanh$ ( ) 函数，也可以选择 ReLU ( ) 函数。

- bias 表示偏置。如果为 False，则该层不使用 $b_{ih}$ 和 $b_{hh}$，默认是 True。

- batch_first 参数如果为 True，则输入和输出的张量被认为是 (batch, seq, feature)，而不是 (seq, batch, feature)。seq、batch 和 feature 分别代表序列长度、批量以及特征的维度。

- bidirectional 参数默认为 False。如果为 True，则成为双向循环网络结构，本书讨论的循环神经网络属于单向循环网络结构。

下面的程序是利用 PyTorch，解决 RNN 模型从输入到输出的问题。利用随机生成的数据，可以得到输出的结果的 output 与 hn。

```
import torch
from torch import nn
torch.manual_seed(1)      #随机种子
rnn = nn.RNN(2,2,1)
```

```
input = torch.randn(2,1,2)
h0 = torch.randn(1,1,2)
output, hn = rnn(input, h0)
print(input)
print(h0)
print(output)
print(hn)
```

结果如下：

```
tensor([[[-1.5228,  0.3817]],

        [[-1.0276, -0.5631]]])
tensor([[[-0.8923, -0.0583]]])
tensor([[[0.1875, 0.3736]],

        [[0.1286, 0.0094]]], grad_fn=<StackBackward0>)
tensor([[[0.1286, 0.0094]]], grad_fn=<StackBackward0>)
```

可以通过输入如下的代码：

```
print(rnn.weight_ih_l0.data)
print(rnn.weight_hh_l0.data)
print(rnn.bias_ih_l0.data)
print(rnn.bias_hh_l0.data)
```

分别得到 $W_{xh}$、$W_{hh}$、$b_{ih}$ 和 $b_{hh}$ 等参数，结果如下：

```
tensor([[ 0.3643, -0.3121],
        [-0.1371,  0.3319]])
tensor([[-0.6657,  0.4241],
        [-0.1455,  0.3597]])
tensor([ 0.0983, -0.0866])
tensor([0.1961, 0.0349])
```

2015 年发表在《科学》杂志的《成年新皮层的形态学定义的细胞类型之间的连通性原则》(*Principles of Connectivity Among Morphologically Defined Cell Types in Adult Neocortex*)一文指出了大规模的神经元细胞类型和连接概况，揭示了皮质的基本组成部分以及控制其组装成皮质回路的原理[❶]。这点与循环网络的精髓不谋而合，因此有学者认为循环神经网络的这种连接方式更加符合生物神经元的连接方式。

# 7.2  LSTM

## 7.2.1  LSTM 基本原理

尽管循环神经网络的神经元之间具有环路连接，可以解决"记忆"的问题，即能够分析过去的信息，然而，随着时间的流逝和信息的衰减，循环神经网络仍然没有能力处理这些较长的时序。换作模型的语言，就是随着时序的增长，网络层数的增多，时间反向传播算法(back propagation through time，简称 BPTT)中会产生梯度消失(gradient vanishing)和梯度爆炸(gradient exploding)等问题。

为了解决循环神经网络的这些缺点，塞普·霍克雷特(Sepp Hochreiter)和于尔根·施密德胡伯(Jürgen Schmidhuber)在 1997 年提出了长短期记忆(long short term memory，简称 LSTM)网络[❷]。相对于梯度爆炸问题，梯度消失问题更显棘手，然而 LSTM 网络可以很好地解决梯度消失问题，不单独处理序列中的每个点，

---

❶ Jiang  X L, Shan S, Cathryn R C,et al. Principles of Connectivity Among Morphologically Defined Cell Types in Adult Neocortex. Science,2015, 350(6264).

❷ Sepp H, Jürgen S. Long Short-Term Memory. Neural Comput, 1997，9 (8): 1735-1780.

而是保留有关序列中先前数据的有用信息，以帮助处理新数据点，适合于处理时序较长的数据。因此，LSTM 网络尤其擅长处理文本、语音和一般时间序列等数据序列。

LSTM 试图解决梯度爆炸和梯度消失问题。第一种类型的 LSTM 块包含一个单元、一个输入门和一个输出门。1999 年，遗忘门被引入到 LSTM 模型中，LSTM 在自然语言文本压缩和手写识别等方面创造了新的纪录，并赢得了 2009 年国际文档分析与识别大赛（IDCAR）手写识别比赛的冠军。截至 2016 年，包括谷歌、苹果和亚马逊等在内的主要科技公司都在使用 LSTM 作为其新产品的基本模型。谷歌将 LSTM 用于智能手机的语音识别、智能助手 Allo 和谷歌翻译；苹果将 LSTM 用于其 iPhone 上 QuickType 和 Siri 等功能；亚马逊将 LSTM 用于亚马逊 Alexa。

2017 年，Facebook 使用 LSTM 网络每天进行 45 亿次自动翻译。同年，微软声称利用长短时记忆改善了模型，使得具有 16.5 万个单词量的语音识别模型达到了 5.1% 的单词错误率，使其有史以来第一次与专业人员的准确率持平。

除此之外，LSTM 模型还被广泛应用在机器人控制、时间序列预测、语音识别、语义解析、语法学习、手写识别、人物行为认识、时序异常检测、作曲、医疗、流程管理中的预测等众多领域。

比如，人们试图预测每个月的经济指标，然而这些指标会随着不同的月份呈现出很大的差异，比如淡季、旺季等。LSTM 网络可以学习这种每月即 12 个周期出现的特征，因为该网络不只是使用以前的预测，还保留了一个长期的背景，有助于它克服其他模型面临的长期依赖问题。值得注意的是，这只是一个非常简单的示例，但是当模型涉及的时序范围的时间更长时，比如非常长的文本，LSTM 网络就变得更有用了。

LSTM 的结构如图 7-3 所示，它通常是由一层或两层 LSTM

单元构成，每一层中的单元 A 首尾相接。一个 $x$ 的值可以影响到较远距离的 $h$ 的值，这是 LSTM 的核心所在。

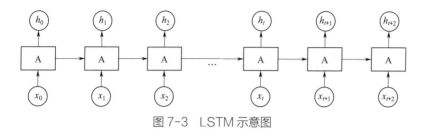

图 7-3　LSTM 示意图

在基本的层面上，LSTM 在特定时间点的输出依赖于三个因素：

- 当前网络的长期记忆- ——称为细胞状态（cell state）。
- 上一时段的输出——称为上一个隐藏状态（hidden state）。
- 当前时段步骤的输入数据。

## 7.2.2　非礼勿记、非礼勿听、非礼勿言

LSTM 网络使用一系列"门"来控制数据序列中的信息如何进入、存储和输出网络。典型的 LSTM 有三个门：遗忘门（forget gate）、输入门（input gate）和输出门（output gate）。这些门可以看作是过滤器，每个门有激活函数。

如图 7-4 所示，顶部包含单元格状态，这是一条路径，通过一些线性运算，信息可以很容易地传递。门可以在单元格状态中对信息量进行控制。其中，$\sigma$ 表示 Sigmoid 激活函数，$tanh$ 表示 tanh 激活函数，"×"和"＋"分别表示逐点乘法（point by point multiplication）和逐点加法（point by point addition）。

首先是遗忘门，如图 7-5 所示，它决定了先前的隐藏状态（$h_{t-1}$）和新输入数据（$x_t$）的情况下，多少信息是应该被遗忘的，多少信息又该是被记住的，这是通过 Sigmoid 激活函数来控制的。

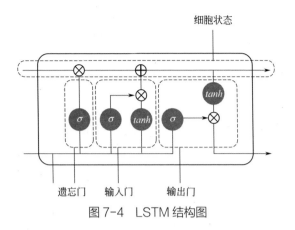

细胞状态

图 7-4　LSTM 结构图

遗忘门　输入门　输出门

Sigmoid 激活函数的值在 0 到 1 之间，因此当它的输出近乎 0 的时候，相当于紧闭了大门，此时信息被完全"遗忘"，然而当输出逼近 1 时，意味着门完全打开，因此信息被完全记住，通过了这扇门的信息记为 $f_t$[❶]。然后将输出值 $f_t$ 向上传递，并与之前的单元格状态逐点相乘。在这一步，做到了"非礼勿记"。

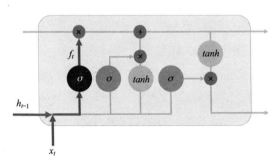

$f_t$

$h_{t-1}$

$x_t$

图 7-5　遗忘门

　　状态更新的目标是，给定先前的隐藏状态和新输入的数据，确定哪些新信息应该更新到细胞状态中，这里涉及到"非

---

❶ $f_t = \sigma\left(W_f \cdot [\, h_{t-1},\ x_t\,]\right)$，其中 $W_f$ 表示遗忘门和输入门之间的权重矩阵，并且假设无偏置。

礼勿听"的输入门，如图 7-6 所示。在这一步中，仍需要有一个
Sigmoid 激活函数完成类似于遗忘门中控制信息的功能，尽管都
是 Sigmoid 函数，但其实从已经控制遗忘多少信息变成控制听进
去多少信息，从这个门中输出的信息记为 $i_t$[1]。此外，先前的隐藏
状态和新输入的数据也传至 tanh 激活函数中进行处理，输出的
结果记为 $\tilde{C}_t$[2]。值得注意的是，输入门的输入实际上与遗忘门的
输入是相同的。

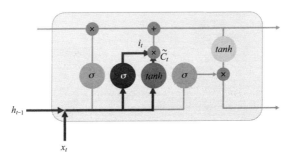

图 7-6　输入门

当有了遗忘门的输出与输入门的输出后，就可以开始计算细胞
状态。首先，上一期的细胞状态信息与遗忘门的输出逐点相乘，然
后与输入门的输出逐点相加后得到细胞状态信息 $C_t$，如图 7-7 所示。
此时，输入门的输出等于 $i_t$ 与 $\tilde{C}_t$ 的逐点相乘[3]。

现在已经完成了对网络长期记忆的更新，可以进入最后的输
出门，如图 7-8 所示。在输出门阶段，需要做到"非礼勿言"，有
选择地输出。这里大家肯定已经联想到，Sigmoid 激活函数又要发

---

[1] $i_t = \sigma\,(\,W_i \cdot [\,h_{t-1},\ x_t\,]\,)$，其中 $W_i$ 表示输入门和输出门之间的权重矩阵，并且假
设无偏置。

[2] $\tilde{C}_t = tanh\,(\,W_c \cdot [\,h_{t-1},\ x_t\,]\,)$，其中 $W_c$ 表示输入门和输出门之间的权重矩阵，并
且假设无偏置。

[3] $C_t = f_t C_{t-1} + i_t \tilde{C}_t$。

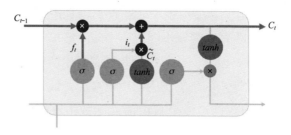

图 7-7　状态更新

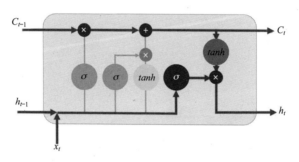

图 7-8　输出门

挥作用了。首先将之前的隐藏状态和当前的输入传递给 Sigmoid 激活函数后，得到输出 $o_t$[1]。与此同时，新更新好的细胞状态 $C_t$ 被 tanh 激活函数进行变换后，输出的结果与 $o_t$ 进行逐点相乘，就得到 LSTM 网络的输出 $h_t$[2]。更新后的细胞状态 $C_t$ 与 LSTM 的输出 $h_t$ 随后转入下一个时序。

　　下面的程序是利用 PyTorch 解决 LSTM 模型从输入到输出的问题。利用随机生成的数据，可以得到输出的结果的 hn 与 cn。

```
import torch
import torch.nn as nn
```

---

[1] $o_t = \sigma(W_O \cdot [h_{t-1}, x_t])$，其中 $W_O$ 表示输出门的权重矩阵，并且假设无偏置。

[2] $h_t = o_t tanh(C_t)$。

```
torch.manual_seed(1)    #随机种子
rnn = nn.LSTM(2,2,1)
input = torch.randn(2,1,2)
h0 = torch.randn(1,1,2)
c0 = torch.randn(1,1,2)
output, (hn, cn) = rnn(input, (h0, c0))
print(input)
print(h0)
print(output)
print(c0)
print(hn)
print(cn)
```

```
tensor([[[ 0.3255, -0.4791]],

        [[ 1.3790,  2.5286]]])
tensor([[[ 0.4107, -0.9880]]])
tensor([[[-0.0852,  0.0826]],

        [[0.0041, 0.1507]]], grad_fn=<StackBackward0>)
tensor([[[-0.9081,  0.5423]]])
tensor([[[0.0041, 0.1507]]], grad_fn=<StackBackward0>)
tensor([[[0.0097, 0.3735]]], grad_fn=<StackBackward0>)
```

# 7.3　循环神经网络与情感分析

　　语言的序列（sequence）让循环网络能够发挥出独特的优势。与其他的神经网络结构相比，如卷积神经网络，一个明显的局限性是这些神经网络往往接受固定大小的向量作为输入，并产生固定大小的向量作为输出。循环神经网络的优势是，它允许对向量序列进行操作：序列可以作为输入，也可以作为输出，甚至是输入与输出同时为序列。

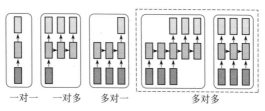

一对一　　一对多　　多对一　　　　多对多

图 7-9　循环神经网络输入输出结构

循环神经网络的输入输出结构类型如图 7-9 所示。首先是一对一的网络结构，这种情形下输入是固定的，输出也是固定的，比如图像分类。其次是一对多的结构，这种结构可以用在输入一张图像而得到一句文本输出的场景上，如图 7-10 所示。

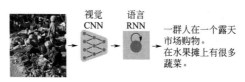

一群人在一个露天市场购物。在水果摊上有很多蔬菜。

图 7-10　从图像到文本 ❶

神经网络的输入是一个序列，而输出单个向量（可以取序列中的某一个向量），这种结构称为多对一。多对一的结构应用场景很多，比如说本书中的情感分析就属于多对一场景，当一句文本（序列）被输入后，输出的结果反映这句话的态度是正向还是负向。另外在一些关键词提取的场景下，也属于输入很多文本，而输出某个关键词。多对多的形式是指输入和输出都是序列的形式，比如常见的机器翻译、语音识别等。

在前面的章节，针对 10000 句评论创建了词向量。实际上，现

❶ Le C Y, Bengio Y, Hinton G. Deep Learning. Nature，2015,521：436-444.

在有很多大规模语料数据集，然而考虑到算力以及训练的时间，本书直接利用前文中的一些简单的案例进行补充说明。

在前文的 10000 句评论中，经过词向量训练，得到每个词的向量表示，如维数为 30。考虑到每句评论的字数不等，为了输入便利，需要对字数进行统一"切割"，即以某字数为界限，切除大于该字数后评论的所有词，如果某句评论小于这个字数，则用 0 补齐。

统计每句评论的字数，并绘制直方图如图 7-11 所示。结合直方图与评论数据的描述统计量，将句子的切分长度定为 10 个，即某句评论如果词语量大于 10，只取前 10 个词语，如果小于 10 则用 0 进行补齐。通过相同的方法可以将 10000 条评论

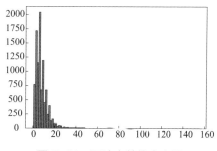

图 7-11 评论字数的直方图

转化为一个 10000 行，序列长度为 10，词向量维度为 30 的矩阵。

通过批处理大小（batch size）、最大序列长度（max sequence length）以及词向量长度，可以建立起一个三阶张量作为循环神经网络的输入，如图 7-12 所示。

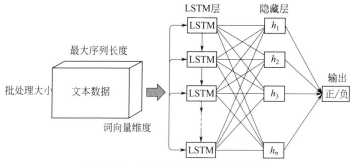

图 7-12 循环网络情感分析示意图

附

录

附录一　PyTorch 入门

附录二　概率基础

附录三　腾讯扣叮 Python 实验室:

　　　　Jupyter Lab 使用说明

# 附录一　PyTorch 入门

## 1. PyTorch 介绍

2015 年，谷歌开源 TensorFlow 后，深度学习框架之间的竞争日益激烈。全世界最为流行的深度学习框架有 PyTorch、Tensorflow、PaddlePaddle、Caffe、Theano、MXNet 等。　自 2017 年 PyTorch 发布以来，成长迅速，如附图 1 所示

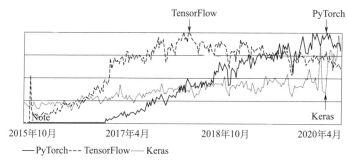

附图 1　PyTorch、TensorFlow 与 Keras 谷歌趋势对比

[ 数据来源: 谷歌趋势（Google Trend）]

PyTorch 是一款非常具有个性的深度学习框架，其建立在 Torch 库之上，底层由 C++ 实现，专为加速深度学习应用。PyTorch 的安装十分便利。登录 PyTorch 官网，可以看见如下的界面，按照需求进行选择后，可以将最下方的命令 "conda install…"（不同的操作环境内容不相同）复制，粘贴到命令行中，如附图 2 所示。

相比其他的深度学习框架，PyTorch 具有以下特点: 安装便利、与 Python 完美结合、支持张量计算、动态图计算。

## 2. PyTorch 实践

PyTorch 中运算单元称为张量（tensor），它可以是零阶（标

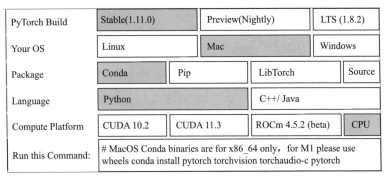

| PyTorch Build | Stable(1.11.0) | | Preview(Nightly) | | LTS (1.8.2) |
| Your OS | Linux | | Mac | | Windows |
| Package | Conda | Pip | | LibTorch | Source |
| Language | Python | | | C++/ Java | |
| Compute Platform | CUDA 10.2 | CUDA 11.3 | | ROCm 4.5.2 (beta) | CPU |
| Run this Command: | # MacOS Conda binaries are for x86_64 only，for M1 please use wheels conda install pytorch torchvision torchaudio-c pytorch | | | | |

附图2　PyTorch 安装选项及命令

量）、一阶、二阶及多阶的。一阶张量可以视为一维数组（向量），二阶张量可以视为二维数组（矩阵），三阶张量可以视为三维数组（可以看成 3 个矩阵，每个矩阵相当于一个二阶张量），因此，如果是 $n$ 阶张量，则代表有 $n$ 个二阶张量。

如何在 PyTorch 中定义张量呢？在 Jupyter Notebook 中进行操作，首先要导入 PyTorch 库，然后就可以使用相关的命令定义张量。

如果需要创建一个尺寸（4,3）的二阶张量，并且每个元素为 0 至 1 之间的随机数，代码如下。

```
import torch          # 导入 PyTorch 库
torch.manual_seed(1)  # 随机种子
x = torch.rand(4,3)
x
```

```
tensor([[0.7576, 0.2793, 0.4031],
        [0.7347, 0.0293, 0.7999],
        [0.3971, 0.7544, 0.5695],
        [0.4388, 0.6387, 0.5247]])
```

创建尺寸为（3,2,4）的三阶张量代码如下，此时张量中的元素属于标准正态分布的随机数：

```
import torch          # 导入 PyTorch 库
torch.manual_seed(1)  # 随机种子
x = torch.randn(3,2,4)
x
```

```
tensor([[[-1.5256, -0.7502, -0.6540, -1.6095],
         [-0.1002, -0.6092, -0.9798, -1.6091]],

        [[ 0.4391,  1.1712,  1.7674, -0.0954],
         [ 0.1394, -1.5785, -0.3206, -0.2993]],

        [[-0.7984,  0.3357,  0.2753,  1.7163],
         [-0.0561,  0.9107, -1.3924,  2.6891]]])
```

从结果可以看到,(3,2,4)中的"3"代表结果是由 3 个矩阵构成,"2"与"4"代表每一个矩阵的尺寸为 2 行 4 列。如果将这个三阶张量看成是一个立方体,那么"3""2""4"则分别代表这个立方体长、宽、高。

当需要访问一个张量时,可以使用下面的代码:

```
print(x)
print(x[0])
print(x[2,1])
print(x[2,1,2])
```

结果显示:

```
tensor([[[-1.5256, -0.7502, -0.6540, -1.6095],
         [-0.1002, -0.6092, -0.9798, -1.6091]],


        [[ 0.4391,  1.1712,  1.7674, -0.0954],
         [ 0.1394, -1.5785, -0.3206, -0.2993]],


        [[-0.7984,  0.3357,  0.2753,  1.7163],
         [-0.0561,  0.9107, -1.3924,  2.6891]]])
```

```
tensor([[-1.5256, -0.7502, -0.6540, -1.6095],
        [-0.1002, -0.6092, -0.9798, -1.6091]])
tensor([-0.0561,  0.9107, -1.3924,  2.6891])
tensor(-1.3924)
```

从结果可以看到，"x[0]"访问的张量是三阶张量中的第一个二阶张量，尺寸为（2,4）。"x[2,1]"则表示访问该三阶张量中第3个二阶张量的第2行。"x[2,1,2]"则表示访问该三阶张量中第3个二阶张量的第2行的第3个元素。

类似于NumPy中切片的方法在张量中也是可以使用的，比如希望访问该张量下每个二维张量的第2行所有元素，则可以输入如下代码：

```
print(x[: ,1])
```

结果如下：

```
tensor([[-0.1002, -0.6092, -0.9798, -1.6091],
        [ 0.1394, -1.5785, -0.3206, -0.2993],
        [-0.0561,  0.9107, -1.3924,  2.6891]])
```

如果需要查看张量的尺寸，可以输入：

```
x.shape
```

结果显示：

```
torch.Size([3, 2, 4])
```

也可以将张量展开为1维向量。

```
x.reshape(-1)    # 或 x.view(-1)
```

则结果显示为：

```
tensor([-1.5256, -0.7502, -0.6540, -1.6095, -0.1002,
-0.6092, -0.9798, -1.6091,0.4391,  1.1712,  1.7674, -0.0954,
  0.1394, -1.5785, -0.3206, -0.2993,-0.7984,  0.3357,
0.2753,  1.7163, -0.0561,  0.9107, -1.3924,  2.6891])
```

张量的计算类似于 NumPy 中的数组运算，为了演示张量的计算，首先利用随机种子生成两个三阶张量。

```
torch.manual_seed(1)      #随机种子
y = torch.randn(3,2,4)
z = torch.randn(3,3,2)
print(y)
print(z)
```

张量 $y$ 与 $z$ 如下：

```
tensor([[[-1.5256, -0.7502, -0.6540, -1.6095],
         [-0.1002, -0.6092, -0.9798, -1.6091]],

        [[ 0.4391,  1.1712,  1.7674, -0.0954],
         [ 0.1394, -1.5785, -0.3206, -0.2993]],

        [[-0.7984,  0.3357,  0.2753,  1.7163],
         [-0.0561,  0.9107, -1.3924,  2.6891]]])
tensor([[[-1.8821, -0.7765],
         [-1.8034, -1.3083],
         [ 0.4533,  1.1422]],

        [[ 0.2486, -1.7754],
         [-0.0255, -1.0233],
         [ 0.1099, -0.6463]],

        [[ 0.4285,  1.4761],
         [-1.7869,  1.6103],
         [-0.7040, -0.1853]]])
```

因为张量的加法需要张量的尺寸保持一致，因此利用张量与自身相加。

```
y + y
```

结果为：

```
tensor([[[-3.0512, -1.5005, -1.3080, -3.2190],
         [-0.2003, -1.2184, -1.9595, -3.2182]],

        [[ 0.8783,  2.3424,  3.5349, -0.1907],
         [ 0.2787, -3.1570, -0.6412, -0.5987]],

        [[-1.5969,  0.6715,  0.5507,  3.4326],
         [-0.1123,  1.8214, -2.7848,  5.3782]]])
```

如果将尺寸不一致的张量相加，比如执行：

```
y + z
```

则会出现报错：

```
RuntimeError: The size of tensor a (4) must match the
size of tensor b (2) at non-singleton dimension 2
```

张量的矩阵乘法与矩阵乘法没有太大区别。

输入下面的代码：

```
torch.matmul(y,z)
```

则会出现如下报错：

```
RuntimeError: Expected batch2_sizes[0] == bs &&
batch2_sizes[1] == contraction_size to be true, but got
false. (Could this error message be improved? If so,
please report an enhancement request to PyTorch.)
```

输入如下代码：

```
torch.matmul(z,y)    # 或 z.matmul(y)
```

结果如下：

```
tensor([[[ 2.9492,  1.8851,  1.9917,  4.2788],
         [ 2.8823,  2.1500,  2.4612,  5.0077],
         [-0.8059, -1.0358, -1.4155, -2.5674]],

        [[-0.1383,  3.0936,  1.0086,  0.5078],
         [-0.1538,  1.5855,  0.2830,  0.3088],
         [-0.0418,  1.1489,  0.4014,  0.1830]],

        [[-0.4250,  1.4881, -1.9373,  4.7048],
         [ 1.3363,  0.8666, -2.7342,  1.2635],
         [ 0.5725, -0.4051,  0.0641, -1.7064]]])
```

从上面的结果看出，两个三阶张量相乘时，对应的矩阵在符合矩阵乘法规则的情况下进行。张量之间还可以进行对应的元素相乘（element-wise product）。

```
torch.mul(z,z)
```

结果显示：

```
tensor([[[3.5425e+00, 6.0302e-01],
         [3.2521e+00, 1.7117e+00],
         [2.0544e-01, 1.3045e+00]],

        [[6.1807e-02, 3.1520e+00],
         [6.5039e-04, 1.0472e+00],
         [1.2075e-02, 4.1775e-01]],

        [[1.8365e-01, 2.1788e+00],
         [3.1929e+00, 2.5931e+00],
         [4.9555e-01, 3.4323e-02]]])
```

# 附录二　概率基础

## 1. 集合与概率

### （1）集合

人们自古就喜欢以集合的方式处理问题，从"方以类聚，物以群分"到如今的垃圾分类，到处可见集合的思想。甚至有学者提出，万物皆集合，可见集合的概念是多么重要。

很多人认为集合的概念很抽象，难理解，然而在现实中，其实人们无时无刻不在与集合发生着交集。比如，在工作当中，一些人会说："××和我不是一个部门的。"这里"部门"的员工，就构成了一个集合。再比如，在人工智能教学的过程中，有一些经典的数据集，这些数据集自身就是一个集合。

集合中的对象，也称为元素（element），在一个给定的集合中，这些元素必须是确定的，比如手写识别中 0~9 的分类构成了一个集合，那么 0、1、2、3、4、5、6、7、8、9 则是集合中的元素。在集合中，元素是不能重复出现的，即元素各不相同。如果某个元素在集合中，则称元素"属于"该集合；否则，元素"不属于"该集合。

集合中元素既可以为有限个，也可以是无限个。在描述集合时，可以用列举法，比如垃圾组成的集合可以表示为 { 可回收物，有害垃圾，餐厨垃圾，其他垃圾 }。有时，尽管集合是有限的，但是逐个列举也不现实，因此也可以使用描述法表示这样的集合，如 $\{x|x$ 是中国人 $\}$ 就表示所有中国人的集合，即具备共同的特性。

如果有两个集合，集合 $A$ 中任何一个元素都是集合 $B$ 中的元素，就称集合 $A$ 为集合 $B$ 的子集（subset），记为 $A \subseteq B$。也可以用平面上封闭曲线的内部代表集合的维恩图（venn diagram），如附图 3 所示。如果集合 $A$ 的任何一个元素都是集合 $B$ 的元素，同时集合 $B$ 的任何一个元素也都是集合 $A$ 的元素，那么称集合 $A$ 与集合 $B$ 相等。

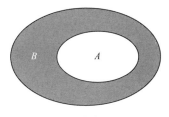

附图 3　集合关系图

思考一个问题，没有任何元素能够构成集合吗？答案是肯定的，不含任何元素的集合叫作空集（empty set），记为 $\varnothing$。空集是任何集合的子集。

如果集合中已经包括所有的元素，那么称这个集合为全集（universe set），记为 $E$。如果在全集中去掉集合 $A$ 的所有元素，那么此时全集中剩下的元素组成的集合称为集合 $A$ 的补集（complementary set），记为 $\overline{A}$。

由所有属于集合 $A$ 或属于集合 $B$ 的元素组成的集合，称为集合 $A$ 与集合 $B$ 的并集（union set），记为 $A \cup B$。由所有属于集合 $A$ 且属于集合 $B$ 的元素组成的集合，称为集合 $A$ 与集合 $B$ 的交集（Intersection Set），记为 $A \cap B$。

即便是相同的模型，面对不同的集合，可能会产生不同的结论。因此，在研究问题时，一定要注意集合的范围。在机器学习中，有时为了检验泛化的能力，避免过拟合，需要将原始的数据集划分成训练集和测试集，在训练集上训练而在测试集上检验❶。

留出法是一种直接将原始数据集 $D$ 划分为两个互斥的集合，其中一个作为训练集 $D_{训}$，一个作为测试集 $D_{测}$，即 $D = D_{训} \cup D_{测}$，$D_{训} \cap D_{测} = \varnothing$。

交叉验证法则是将数据集 $D$ 划分为 $k$ 个互斥的子集，即 $D =$

---

❶ 除了训练集、测试集外，还有验证集。验证集主要是用来评估模型。

$D_1 \cup D_2 \cup \cdots \cup D_k, D = D_i \cap D_j = \varnothing, ( i \neq j )$。每次利用某个子集作为测试集，其余的集合的并集作为训练集。这样可以获得 $k$ 组训练集和测试集并尝试 $k$ 轮测试，如附图 4 所示。

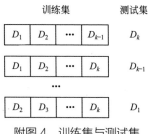

附图 4　训练集与测试集

SymPy 是一个符号计算的 Python 库。它可以用来计算代数，完全由 Python 写成，不依赖于外部库。SymPy 支持解方程、微积分、组合数学、离散数学、几何学、概率与统计等方面的功能。

通过下面的代码安装 SymPy 库。

```
pip install sympy
```

调用 SymPy 库后，可以定义集合。

```
from sympy import FiniteSet    #创建集合，导入 FiniteSet 包
s = FiniteSet(1,2,3,4,5,6)
print(s)
```

**结果如下：**

```
{1, 2, 3, 4, 5, 6}
```

也可以利用已有的列表创建集合，下面的代码是将一个已知列表转化为集合。

```
from sympy import FiniteSet    #创建集合，导入 FiniteSet 包
x = [1,3,4,2,2,6,4,4,3,3,5,5,6]
```

```
s = FiniteSet(*x)
print(s)
```

结果如下：

```
{1, 2, 3, 4, 5, 6}
```

在将列表转换为集合时，FiniteSet( ) 中的列表名称前要加 "*"
号，否则会出现报错。另外，从结果中可以看出，与列表不同，
集合中消除了多余的重复元素。

也可以通过命令判断集合中是否含有某元素，以上面的集合 *s*
为例：

```
print(4 in s)       # 判断元素是否在集合中
print(8 in s)       # 判断元素是否在集合中
```

结果如下：

```
True
False
```

有时，需要定义一个空集，代码如下：

```
from sympy import FiniteSet
s_null = FiniteSet()
s_null
```

结果如下：

```
∅
```

可以通过下面的代码判断一个集合是否是另一个集合的子集，
值得注意的是，空集是任何集合的子集。

```
from sympy import FiniteSet
s = FiniteSet(1,2,3,4,5,6)
s1 = FiniteSet(1,2,3)
s2 = FiniteSet(1,2,7)
s_null = FiniteSet()
print(s1.is_subset(s))
print(s2.is_subset(s))
print(s_null.is_subset(s))
```

结果如下：

```
True
False
True
```

用 Python 进行集合运算非常方便，代码如下：

```
from sympy import FiniteSet
s = FiniteSet(1,2,3,4,5,6)
s1 = FiniteSet(1,2,3)
s2 = FiniteSet(1,2,7)
s_null = FiniteSet()
print(s1.union(s2))              # 并集
print(s1.intersect(s2))          # 交集
print(s1.union(s2).union(s))     # 并集再并集
print(s1.intersect(s2).intersect(s_null))    # 交集再交集
print(s1.complement(s))          # 补集
```

结果如下：

```
{1, 2, 3, 7}
{1, 2}
{1, 2, 3, 4, 5, 6, 7}
EmptySet
{4, 5, 6}
```

（2）概率

有缘千里来相会，无缘对面不相逢。缘分，是一个非常微妙的事物，它充满了多种巧合，是偶然与必然的产物。那什么是巧合呢？细细想来，无巧不成书，大家应该都听过"屋漏偏逢连夜雨，船迟又遇打头风"，发生了这样的事情，恐怕是毕生难忘。

《简明牛津词典》曾给"巧合"下过定义："一系列没有明显因果关系的事件或者环境同时出现，并引起注意。"其实，我们面对的世界随时随地都在随机地发生着一系列事件，正如电影《阿甘正传》中所说："生活就像一盒巧克力，你永远不知道你将会拥有什么。"

上面的内容可能有些抽象，来看看以下一些具体的事情：

· 抛硬币、掷骰子和轮盘赌。

· 某股票未来的价格上涨或者下跌。

· 某地有油田的概率。

这些事情都有一个共同的特征，那就是需要直面未来的不确定，而概率就是为其而生。尽管概率的历史追溯起来非常久远，然而公认的是由布莱兹·帕斯卡（Blaise Pascal）在 1654 年创立，皮埃尔·德·费马（Pierre de Fermat）是重要的贡献者。他们一起解决了困扰当时的人们 160 年之久的赌局奖金分配问题❶。

在上面的例子中，第一个是结果等可能出现的概率，它们属于古典概率的范畴。第二个事件发生的概率主要来源于数据的搜集，其也被称为统计概率。第三个事件其实已经是确定的，但是人们很难知情，涉及到相关领域专家的主观判断，这种由不同人给出的概率被称为主观概率。

了解概率，先从什么是随机现象开始。随机现象是指在一次观

---

❶ 该问题由会计学之父卢卡·帕西奥利（Luca Pacioli）在其 1494 年出版的《算术、几何、比例总论》中提出。

察中具有多种可能发生的结果，但是结果是什么事先无从得知，在进行大量重复的观察后就能发现背后的规律的一种现象。

研究随机现象需要涉及随机试验，试验需要满足三个条件：第一，试验可在同样的条件下重复进行；第二，不止一个的试验的结果可以在试验前就知道；第三，尽管试验前无法确定哪一个结果出现，但是每次试验总是出现可能结果中的一个。

比如掷两次骰子，每次骰子均有 6 种结果，因此所有可能出现的结果的集合，即样本空间共包含 36 种情形。想知道两次投掷点数之和为 8 的概率❶，就可以用一个集合进行表示，此集合中共有 5 种情形，如附图 5 较大点所示。因此，掷两次骰子点数之和为 8 的概率为 5/36。

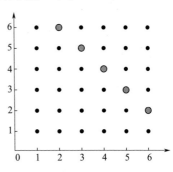

附图 5　掷骰子的结果集合

上面的试验共有 36 种等可能出现的结果，并且其中任何两个结果都不可能同时出现，这种试验被称为等可能试验。在等可能实验中，每一个事件发生的概率均为试验可能结果的倒数。因此，事件的概率可以通过"数数"的方式获得，即将某事件集合中的个数除以样本空间的个数，就可以得到该事件发生的概率。

在之前的随机试验中，前后的试验之间没有任何联系，即前面的试验不会影响后面试验的结果。这种互相之间没有关联的事件称为独立事件（independent event）。用独立事件的视角再看待上述掷骰子的问题，如事件 $A$ 代表第一次得到 1 点，事件 $B$ 代表第二次得到 3 点，那么事件 $A$ 发生且事件 $B$ 发生的概率 $P(A \cap B)$

---

❶ 也可用"事件 A"表示发生之和为 8 这样的事情。

为其中一个结果发生的可能性，即 1/36。当然也可以用 $P(A)$ 发生的概率乘以 $P(B)$ 的概率，$1/6 \times 1/6 = 1/36$。

讨论完独立性，如果两个事件不独立，也就是"如果……那么……"，又该如何求出概率呢？这就涉及到条件概率（conditional probability）。仍以掷骰子为例，假如事件 $A$ 表示至少一次得到一个 6 点，事件 $B$ 表示两次投掷的结果之和为 8，求在至少一次得到一个 6 点的情形下两次投掷的结果之和为 8 的概率，记为 $P(B|A)$。

从附图 6 中可以"看"出，阴影部分代表事件 $A$ 的概率，即 $P(A) = 11/36$，事件 $A$ 发生且事件 $B$ 也发生的概率如附图 6 阴影与较大圆点交集所示，即 $P(AB) = 2/36$，因此此时的条件概率为 2/11。也就是在 11 种可能性中有两次发生的可能性。

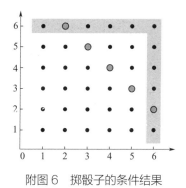

附图 6　掷骰子的条件结果

条件概率的公式也可表示成：

$$P(B|A) = \frac{P(AB)}{P(A)}$$

投掷一颗均匀的骰子，事件 $A$ 表示掷出 2，事件 $B$ 表示掷出偶数点的概率。求在 $B$ 的条件下出现 $A$ 的概率是多少？

```
from sympy import FiniteSet
S = FiniteSet(1,2,3,4,5,6)
A = FiniteSet(2)
B = FiniteSet(2,4,6)
P_B = len(B)/len(S)
P_AB = len(A.intersect(B))/len(S)
P_AB/P_B
```

结果显示：

```
0.3333333333333333
```

## 2. 贝叶斯思想

概率也分为频率派和贝叶斯派两大派系，这两大派系最大的区别就在于：是否在事前就要估计某种事件的概率。

频率是一种依赖于历史数据的统计方法。它的前提是数据特征与未来密切相关，通常，频率派需要研究分布函数，需要收集数据，并且需要找到一种合适的方法来分析数据。如果你质疑硬币有问题，你可以一直投硬币，由此推断出硬币是否有问题。假设你投够了 10000 次，硬币正面出现的次数约为 5000 次，那么可以认为这枚硬币问题不大；假如在 10000 次中正面出现了 9000 次，则可以判断这枚硬币应该是有问题的。这也就是频率派所说的在"无穷次"实验中出现某结果的频率。

对于投硬币的例子，人们从直觉上就能够判断它是对的，而现实中有很多情况需要的是经验归纳，是主观的、变化的。这就涉及到贝叶斯概率。

贝叶斯思想在人工智能、数据科学以及经济等领域中有着举足轻重的作用，它是以托马斯·贝叶斯的名字命名的。托马斯·贝叶斯是 18 世纪的数学家、英国皇家学会会员，还曾在长老会担任牧师。直至他去世后，得益于他身前的好友，人们才从他的论文中发现贝叶斯的思想，并将其发扬光大。

其实，人们的很多行为都与贝叶斯思想有着千丝万缕的关系。经济学家米尔顿·弗里德曼（Milton Friedman）曾指出，人们在打台球时，并不会精确计算打球时的角度和力量，那是属于物理学的范畴，然而人们却好像精通物理似的，将击球角度和力量都掌握得很好。人们的大脑会以一种独特的形式逼近答案。

前文给出了求解 $P(B|A)$ 的思路，这种求解相对简单，但是反过来求解 $P(A|B)$ 就相对棘手了。

贝叶斯定理给出了如下的求解公式使得求解变得非常简便：

$$P(A|B) = \frac{P(B|A)P(A)}{P(B)}$$

式中，$P(A)$ 是先验概率( prior probability )；$P(B|A)$ 是条件概率；$P(A|B)$ 称为后验概率( posterior probability )。

### 3. 概率分布

（1）0-1 分布

随机变量 $X$ 取值为 0 和 1 两种情况，其分布率为：

$$P\{X = k\} = p^k(1-p)^{1-k}, k = 0, 1$$

式中，$0 < p < 1$，称随机变量 $X$ 服从以 $p$ 为参数的 0-1 分布。0-1 分布律也可以表示为附表 1 所示。

附表 1　0-1 分布律

| $X$ | 0 | 1 |
|---|---|---|
| $P$ | $1-p$ | $p$ |

（2）伯努利试验与二项分布

假设试验只有两个可能的结果，$A$ 和 $\overline{A}$，则称试验为伯努利试验。设 $P(A) = p$，$P(\overline{A}) = 1-p$，其中 $0 < p < 1$。如果将这个试验独立重复进行 $n$ 次，则称这一系列重复的独立试验为 $n$ 重伯努利试验。比如抛一枚硬币观察正反面，或者掷一颗骰子观察奇偶等，如果独立进行多次都能被视为伯努利试验。

在 $n$ 次独立重复的伯努利试验中，假设 $A$ 事件发生的概率为 $p$，且 $A$ 事件发生 $k$ 次，因此 $k$ 的取值为 0，1，2，$\cdots$，$n$，如果需要知道 $n$ 次试验中事件 $A$ 恰好发生 $k$ 次的概率，即 $P\{X=k\}$，

此时 $\overline{A}$ 事件则发生 $n-k$ 次，且每次发生的概率为（ $1-p$ ），这样的组合方式有 $\dfrac{n!}{k!(n-k)!}$ 种，并且两两互不相容，因此

$$P\{X=k\} = C_n^k p^k (1-p)^{n-k}$$

则称随机变量 $X$ 的概率分布为服从参数为（ $n,p$ ）的二项分布（binomial distribution）。如果 $n=1$ ，则此时二项分布就是 0-1 分布。

如果某类商品的优等品的概率为 0.2，从中随机抽取 20 个商品，问这 20 个商品中恰有 $k$ 个（ $k=0$ ，1，…，20）优等品的概率。代码如下：

```
import numpy as np
import matplotlib.pyplot as plt
%matplotlib inline
from matplotlib import colors
#### 默认设置下 matplotlib 图片清晰度不够，可以将图设置成矢量格式
%config InlineBackend.figure_format = 'svg'
def Bino_Dis(n,k,p):
    Cnk = (np.math.factorial(n)/(np.math.
factorial(k)*np.math.factorial(n-k)))
    p = Cnk * p**k * (1-p)**(n-k)
    return p
n = 20
a = list(range(0, n+1))
p = 0.2
Pr =[]
for k in a:
    Pr.append(Bino_Dis(n,k,p))
plt.bar(a,Pr)
plt.show()
```

结果如附图 7 所示。

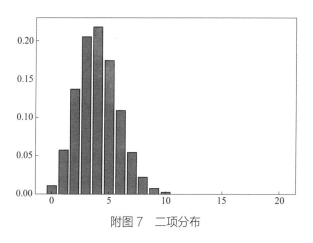

附图 7   二项分布

（3）正态分布

很多连续型随机变量频率分布的直方图都呈现出"两头小、中间大、左右对称"的特征，如果一个分布的概率密度函数可以用下面的公式表示

$$p(x) = \frac{1}{\sigma\sqrt{2\pi}} e^{-\frac{(x-\mu)^2}{2\sigma^2}}$$

式中，$\mu$ 是数学期望；$\sigma$ 是标准差。

这种概率分布则被称为正态分布，记为 $N(\mu, \sigma^2)$。当 $\mu = 0$，$\sigma = 1$ 时，概率分布被称为标准正态分布。

下面的代码给出了如何画出正态分布的概率密度函数曲线。

```
import numpy as np
import matplotlib.pyplot as plt
%matplotlib inline
#### 默认设置下 matplotlib 图片清晰度不够，可以将图设置成矢量
格式
%config InlineBackend.figure_format = 'svg'
mu = 0
sigma = 1
```

```
x = np.linspace(-10, 10, 101)
y = np.exp(-(x-mu)**2 / 2* sigma**2 ) / sigma *np.
sqrt(2 * np.pi)
# print(x)    # 给出 x 的值
# print(y)    # 给出 y 的值
plt.plot(x, y)
plt.show()
```

图像显示如附图 8 所示。

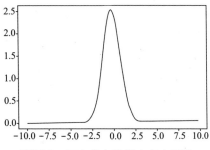

附图 8　正态分布的概率密度函数

# 附录三　腾讯扣叮 Python 实验室：Jupyter Lab 使用说明

本书中展示的代码及运行结果都是在 Jupyter Notebook 中编写并运行的，并且保存后得到的是后缀名为 ipynb 的文件。

Jupyter Notebook（以下简称 jupyter），是 Python 的一个轻便的解释器，它可以在浏览器中以单元格的形式编写并立即运行代码，还可以将运行结果展示在浏览器页面上。除了可以直接输出字符，还可以输出图表等，使得整个工作能够以笔记的形式展现、存储，对于交互编程、学习非常方便。

一般安装了 Anaconda 之后，jupyter 也被自动安装了，但是它的使用还是较为复杂，也比较受电脑性能的制约。为了让读者更方便地体验并使用本书中的代码，在此介绍一个网页版的 jupyter 环境，即也就是腾讯扣叮 Python 实验室人工智能模式的 Jupyter Lab，如附图 9 所示。

附图 9　Python 实验室欢迎页插图
（见前言二维码中网址 3）

人工智能模式的 Jupyter Lab 将环境部署在云端，以云端能力为核心，利用腾讯云的 CPU/GPU 服务器，将环境搭建、常见库安装等能力预先部署，可以为使用者省去不少烦琐的环境搭建时间。Jupyter Lab 提供脚本与课件两种状态，其中脚本状态主要以 py 格式文件开展，还原传统 Python 程序场景，课件状态属于 Jupyter 模式（图文＋代码），如附图 10 所示。

附图 10　Jupyter Lab 的单核双面

　　打开网址后，会看到附图 11 所示的启动页面，需要先点击右

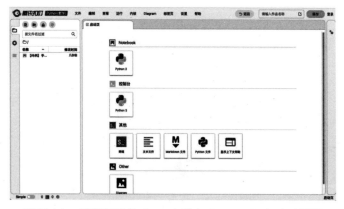

附图 11　腾讯扣叮 Python 实验室 Jupyter Lab 启动页面

上角的登录，不需要提前注册，使用 QQ 或微信都可以扫码进行登录。登录后可以正常使用 Jupyter Lab，而且也可以将编写的程序保存在头像位置的个人中心空间内，方便随时随地登录调用。想要将程序保存到个人空间，在右上角输入作品名称，再点击右上角黄色的保存按钮即可。

在介绍完平台的登录与保存之后，接下来介绍如何新建文件、上传文件和下载文件。想要新建一个空白的 ipynb 文件，可以点击附图 12 启动页 Notebook 区域中的 "Python3" 按钮。点击之后，会在当前路径下创建一个名为 "未命名 .ipynb" 的 Notebook 文件，启动页也会变为一个新的窗口，如附图 13 所示，在这个窗口中，可以使用 Jupyter Notebook 进行交互式编程。

附图 12　启动页 Notebook 区域

附图 13　未命名 .ipynb 编程窗口

如果想要上传电脑上的 ipynb 文件，可以点击附图 14 启动页左上方四个蓝色按钮中的第 3 个按钮：上传按钮。四个蓝色按钮的功能从左到右依次是：新建启动页、新建文件夹、上传本地文件和刷新页面。

附图 14　启动页左上方蓝色按钮

点击上传按钮之后，可以在电脑中选择想上传的 ipynb 文件，这里上传一个 SAT_3.ipynb 文件进行展示，上传后在左侧文件路径下会出现一个名为 SAT_3.ipynb 的 Notebook 文件，如附图 15 所示，但是需要注意的是，启动页并不会像创建文件一样，出现一个新的窗口，需要在附图 15 左侧的文件区找到名为 SAT_3.ipynb 的 Notebook 文件，双击打开，或者右键选择文件打开，打

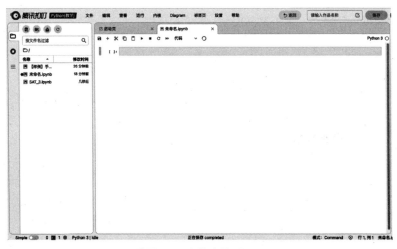

附图 15　上传文件后界面

　情感分析：人工智能如何洞察心理

开后会出现一个新的窗口，如附图 16 所示，可以在这个窗口中编辑或运行代码。

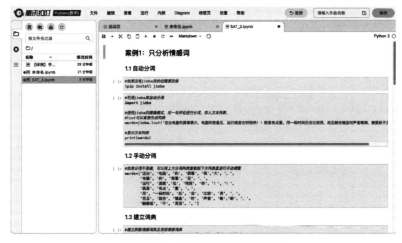

附图 16　双击打开文件后界面

想要下载文件的话，可以在左侧文件区选中想要下载的文件，然后右键点击选中的文件，会出现如附图 17 所示的指令界面，选

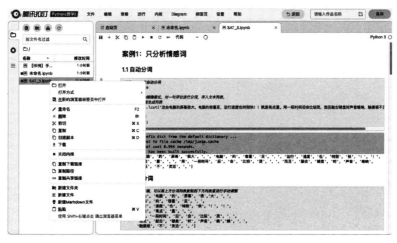

附图 17　右键点击文件后指令界面

择下载即可，如果想修改文件名称的话可以点击重命名，如果想删除文件的话可以点击删除，其他功能读者可以自行探索。

在介绍完如何新建文件、上传文件和下载文件之后，接下来介绍如何编写程序和运行程序。Jupyter Notebook 是可以在单个单元格中编写和运行程序的，这里回到未命名 .ipynb 的窗口进行体验，点击上方文件的窗口名称即可跳转。先介绍一下编辑窗口上方的功能键，如附图 18 所示，它们的功能从左到右依次是：保存、增加单元格、剪切单元格、复制单元格、粘贴单元格、运行单元格程序、中断程序运行、刷新和运行全部单元格。代码代表的是代码模式，可以点击代码旁的小三角进行模式的切换，如附图 19 所示，可以使用 Markdown 模式记录笔记。

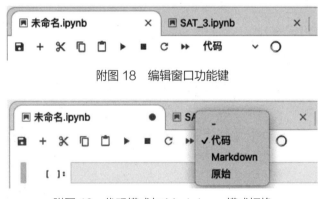

附图 18　编辑窗口功能键

附图 19　代码模式与 Markdown 模式切换

接下来在单元格中编写一段程序，并点击像播放键一样的运行功能键，或者使用"ctrl+Enter 键"（光标停留在这一行单元格）运行，并观察一下效果，如附图 20 所示，其中灰色部分是编写程序的单元格，单元格下方为程序的运行结果。

在 jupyter 里面不使用 print() 函数也能直接输出结果，当然使用 print() 函数也没问题。不过如果不使用 print() 函数，当有多个

附图 20　单元格内编写并运行程序

输出时，可能后面的输出会把前面的输出覆盖。比如在后面再加上一个表达式，程序运行效果如附图 21 所示，单元格只输出最后的表达式的结果。

附图 21　单元格内两个表达式运行结果

　　想要添加新的单元格的话可以选中一行单元格之后，点击上面的"+"号功能键，这样就在这一行单元格下面添加了一行新的单元格。或者选中一行单元格之后直接使用快捷键"B 键"，会在这一行下方添加一行单元格。选中一行单元格之后使用快捷键："A 键"，会在这一行单元格上方添加一行单元格。注意，想要选中单元格的话，需要点击单元格左侧空白区域，选中状态下单元格内是不存在鼠标光标的。单元格显示白色处于编辑模式，单元格显示灰色处于选中模式。

想要移动单元格或删除单元格的话，可以在选中单元格之后，点击上方的"编辑"按钮，会出现如附图 22 所示的指令界面，可以选择对应指令，上下移动或者删除单元格，删除单元格的话，选中单元格，按两下快捷键"D 键"或者右键点击单元格，选择删除单元格也可以。其他功能读者可以自行探索。

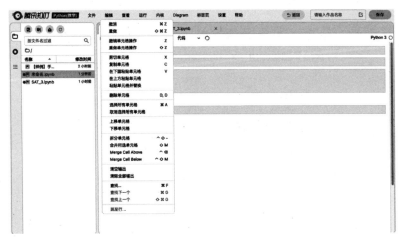

附图 22　编辑按钮对应指令界面

最后介绍如何做笔记和安装 Python 的第三方库，刚才介绍了单元格的两种模式。代码模式与 Markdown 模式，把单元格的代码模式改为 Markdown 模式，程序执行时就会把这个单元格当成是文本格式。我们可以输入笔记的文字，还可以通过"# 号"加空格控制文字的字号，如附图 23 与附图 24 所示。可以看到的是，在 Markdown 模式下，单元格会转化为文本形式，并根据输入的"# 号"数量进行字号的调整。

想要在 jupyter 里安装 Python 第三方库的话，可以在单元格里输入：! pip install 库名，然后运行这一行单元格的代码，等待即

附图 23　Markdown 模式单元格编辑界面

附图 24　Markdown 模式单元格运行界面

可。如附图 25 所示。不过腾讯扣叮 Python 实验室的 Jupyter Lab 已经内置了很多常用的库，读者如果在编写程序中，发现自己想要调用的库没有安装，可以输入并运行对应代码进行 Python 第三方库的安装。

附图 25　Python 第三方库的安装